西樵歷史文化文獻叢書

桑園圍總志（二）

（清）明之綱
（清）盧維球 纂修

广西师范大学出版社
GUANGXI NORMAL UNIVERSITY PRESS
·桂林·

桑園圍丁丑續脩志目錄

築復全圍收支總畧

稟明基工全竣聯謝　鴻恩

兩廣總督臣阮　䟦奏爲籌議護田圍基借欵生
廣東廵撫臣陳
息以資歲修并按年分息歸欵仰祈
聖鑒事竊照粤東地處海濱形勢低窪西北兩江之水
滙注大河分流入海河濱一帶俱藉圍基捍衛而
南海縣桑園圍適當江水之衝本年五月間西潦
漲發圍基被决民間修築不敷經前督臣蔣　會
同臣陳　奏蒙
聖恩賞借帑銀修辦嗣據南海順德兩縣紳士陳書關
士昂等呈請借帑生息以備此後歲修復經行司
籌議去後兹據藩司趙慎畛糧道盧元偉查明具
詳請

奏前來卷查廣肇二府護田圍基本係土隄乾隆元
年經前任督臣鄂爾達
奏請改用石工將鹽運司庫存貯遞年鹽羨等項銀
兩借商生息以為各屬每歲官修圍基之用續于
乾隆八年及乾隆十六年節次
奏明仍照向例一概聽民自行防修如有非常冲損
實在民力不支者隨時
奏請酌辦在案臣等伏思前項圍基當江水之衝不
特民田廬舍保障攸關且圍內田畝均
國家正供之所出若必俟非常冲損始行隨時
奏辦錢糧既須蠲緩

帑項更多糜費而民間田園廬舍已不免淹浸之患是與其隨時懇

恩莫若先籌善全經久之策使可有備無患隨將兩縣紳士所請與在省司道再四熟商該圍界連順德週四百餘里長九千五百餘丈又當頂冲險要工程最爲吃緊自乾隆元年改用石工歷年日久水勢日夕冲刷隄面逐漸單薄隄石亦皆剝落傷殘因民間自行修防之後按年培築不過于坍卸處所塡砌修補不能一律堅固在小民保護田廬原不肯甘心苟簡祇緣工鉅費繁力有未逮是以自乾隆四十九年以來遞遭冲塌至嘉慶十八年復

被沖淹
奏明借帑修築本年被水決口較各年尤甚仰蒙
皇上卹綏兼施併借銀五千兩連民捐修費趕緊搶修
始得補種禾稻雜糧此時若不圖善全經久之計
將來再遭水沖工程更大需費更多臣等飭縣查
勘該處圍基每年歲修約需銀四千六七百兩方
可堅固現在藩庫備修隄岸銀兩存貯無多合無

仰懇
皇上天恩俯准在于藩庫追存沙坦花息銀兩借出銀
四萬兩並於糧道庫貯普濟堂生息項下借出銀
四萬兩共銀八萬兩發交南海順德兩縣當商每

月一分生息每年可得息銀九千六百兩內以五千兩歸還原借銀本以四千六百兩爲歲修之資責成該圍內殷實紳士購料鳩工不經書役之手仍由水利各官督率稽查或應培築高厚添砌蠻石或因頂衝險要應復石隄相度情形分別首險次險陸續培築堅固倘有已修石工沖刷決損俱令領項承辦紳士賠補每年動用息銀以及收回借本造冊呈報臣等衙門查核計自嘉慶二十三年起至三十八年止借本可以全數清完此後多餘息銀卽歸于籌備隄岸項下存貯如遇通省圍基內實有緊要工程民力不能捐修者核實

奏明動用如此借動閒欵生息轉運旣不須臨時動
用正帑而隄岸歲修有賴工程益歸鞏固水潦不
虞災歉閭閻免追呼之擾
朝廷少卹綏之煩實千
國計民生均有裨益是否有當臣等合詞恭摺具
奏伏乞
皇上睿鑒訓示謹
奏　嘉慶二十二年十一月初六日奏
　嘉慶二十二年十二月十六日奉
上諭阮　等奏籌議護田圍基借欵生息以資歲修一
摺粤東濱海一帶田畝俱藉圍基捍衛南海縣桑園

圍界連順德本年被水冲決業經降旨借欵修復惟
該處當江水之衝民田廬舍亟須保障以爲經久之
計加恩着照所請准其在藩庫追存沙坦花息銀兩
借支銀四萬兩糧道庫普濟堂生息項下借支銀四
萬兩發南海順德兩縣當商生息每年所得息銀以
五千兩歸還原欵以四千六百兩爲歲修之資責成
該處紳士購料鳩工隨時培築毋任胥役經手仍令
該管官督率稽查如有坍卸責令承辦之人賠補以
昭覈實餘俱照所議辦該部知道欽此

後修隄記

桑園圍延袤九千餘丈半當西江之衝西江溯源牂牁挾數省之水建瓴下勢甚湍悍圍內田廬恃此爲保障曩乾隆己亥歲西潦潰隄余家居目擊奔避倉皇故老言數十年來未嘗有也歲甲辰李村沖決余官京師聞水勢過於己亥迨甲寅歲李村復決百餘丈水四旬不退時巡撫爲大興 朱文正公余謁見請不分畛域勸各鄉大修全隄公韙之 簡亭陳公時爲方伯鋭意觀成勸捐集事語詳前記自是閲二十年無水患歲癸酉決稔橫兩鄉基咸謂其地水必生沙昔平今險丁丑歲決

海舟之三丫基則本屬險工歲修楗石不如法又聞其處因修補隄岸伐大樹數百易銀以給工費歲久樹根蠹朽竟致坍決因小失大尤堪駭異余遊水經旬束手無策賴　制府蔣公與　方伯趙公　觀察盧公念切民生亟諭海舟鄉人赶築月隄防滛潦再至又諭各鄉照甲寅歲五成捐簽俟水落即築復大隄兩邑邑侯先後踵臨所以爲捍禦計者甚至然余頗聞近年西潦歲至洶湧異常則歲修最要向例雖責成各堡分段認修而實無一定之項臨時措辦艱難往往有名無實倘可借帑生息庶幾歲修可恃民慶更生乎即商之　制

府蔣公公謂　陳中丞甫至當與熟籌會兩邑紳
士亦以是爲請越數日　公復書謂已與中丞酌
定借帑八萬交商生息以備歲修仍俟各鄉踴躍
捐簽尅期通修再爲入奏余卽薦廣文何君毓齡
任其事開局興修未幾　蔣公移節西蜀余致書
謂曩甲寅歲修隄工竣復續籌萬金落石然夏潦
湍急石隨水轉仍不免冲决昔年在史館見乾隆
初年前總督　鄂公奏疏稱廣肇各屬基圍皆土
築難免衝坍欲除大患惟以建築石隄爲要請每
歲留鹽羨銀二萬五千兩擇險要處陸續興建石
隄乃知前人已經籌及而八十年來坍漲靡常風

浪衝齧隄岸之待貼石者不少昔水經注稱鬱水又南注於海馬文淵爲石塘達於海而粵無水患至今名在炎荒與銅柱並垂不朽今桑園圍當演黔桂鬱諸水之衝全頼歲修爲固此十年內可堅築土隄增高培厚并於隄脚落石而未暇即建石隄十年後土隄旣固歲有贏餘似可擇險要處所陸續漸建石隄以期經久則水患永除文淵不得專美于前矣　公曰吾瀕行必再與中丞言之是歲十一月　制府阮公臨粵念關民瘼不廢諭飭余亦縷述全隄利弊甚悉　公一一見之施行即與　陳中丞疏請借帑惠民爲久遠利得

旨允行
聖天子明見萬里渥沛殊恩極之海隅蒼生莫不霑被
何其盛也而　大憲嘉謨入告溥利無窮保赤誠
求拯斯民而登之衽席維桑與梓何幸而蒙此惠
澤也語曰長袖善舞多錢善賈信哉是言設綿力
薄財則捉襟肘見納履踵決曷克勝任愉快今茲
之請誠斯圍之急務矣雖然力小任重固不可也
有力不任將誰咎乎繼自今凡我鄉鄰各敦古處
相與有成未雨綢繆務臻鞏固則豈惟歲計有餘
修防足恃石隄之建亦不難矣安見水國沮洳不
可興歌樂土也耶是役也董其事者廣文何君而

外則有孝廉羅君思瑾潘君澄江岑君誠梁君健翎咸訪求舊章悉心經畫而始終其事不辭勞瘁則何潘二君之力爲多先築三丫基次吉贊横基次將各堡應修處勘估交本堡自辦經始於十月告成於二月　方伯趙公親臨閲視指示周詳仍再落石培護至六月初旬工乃竣五月二十日西潦盛漲風雨交至新隄一百八十丈穩固無虞惟麥村旁舊隄間有坍卸卽搶築堅實各堡莫不額手相慶謂經此巨浸安然無恙成效已著在酌定善後事宜歲修罔懈可永慶安瀾余亦念前事不忘後將于此考信因記之以告來者

嘉慶二十三年夏六月順德溫汝适記

桑園圍續修志　卷之三

少司馬温質坡先生乾隆甲寅以詞垣在籍適李村基決議修全隄先君子榕湖公偕同奔走往來出其條議章程深爲許可遂定議修築鄉人賴之時毓親隨左右備悉籌議然先生終以歲修無資計非久遠爲歎迨先生洊陞卿貳告假歸養中間相隔二十餘年下車日卽諄諄以圍事下詢聞毓所稱現在形勢輒動色相戒拳拳然謂宜以未雨綢繆爲慮時去稔岡基決僅二年耳越二年丁丑夏五海舟三丫基果復決六十餘丈

先生則致書

督撫大憲請借帑生息先備歲修計然後謀築決

口謬以毓可勷厥事札毓傳集各堡紳士合議通
修時　邑侯閆公　分憲吉公俱親臨九江着令
倣照甲寅年以五成起科稟明
大憲諏吉興修毓既不獲辭命遂隨同羅懐之岑
善門潘鑑塘梁桐廂四君子後審度情勢先築决
口倣作偃月之形使稍紆迴不與水爭利而功費
亦歸於簡易其餘通圍險要單薄滲漏坍卸處所
亦先後培塡是役也經始於丁丑十月迨戊寅七
月而工竣毓自慚庸劣深慮隕越以負
列憲暨　先生委任至意并恐不能仰體先君子
前議深心惟有竭盡駑駘矢公矢愼以求無過耳

方今

聖天子軫念民生恩准借帑八萬交南順兩邑當商生

息遞年以五千兩歸帑本以四千六百兩爲桑園

圍歲修費用此誠

大憲嘉謨入告萬世永賴之休而　先生久列華

階夙膺朝望雖假旋萬里外而啓沃爲心所以上

體

宸衷下蔭桑梓者抑亦有不可得而泯沒者矣所賴後

之君子比歲修築無相諉辭無分畛域查其首險

次險次第工修匡予不逮且陸續漸建石隄苞桑

鞏固以無負　先生久遠至計即先君子之有志

未逮者皆得藉以不朽 毓實有厚望焉

何毓齡跋後

丁丑夏五海舟三丫基潰予方守制家居至七月
潦盡　諸鄉先生集議修築事不以予爲不敏附
叅末議夙會景仰
温篔坡先生不分畛域之論同圍之內如屬一家
以未嘗識荆不及布攄誠欵值　委員吉明府
縣主閆父師諭飭予隨諸君子後承辦基務予維
三丫基工較之甲寅李村決口更難爲力李村決
口極深不過一丈其淺處則數尺水耳今則南北
兩湖水深俱二丈有奇長椿沙石坍卸至再始得
結實並繪圖註說稟蒙如議挨月基通築而月基
沙泥各半雜以桑枝草束必須撥去浮料換以淨

士兩倍其工庶幾蕆事每有興作必偕同事石崖
何世執謁見
温六先生請示機宜備承獎借其所以拳拳爲桑
園圍善後計者至周且切也旋蒙　制撫兩憲恩
准入
奏借　帑生息以備歲修
聖人端拱在上明目達聰凡以子惠元元者無不至藉
非有人焉周知小民之依使下情得以上達亦澤
不下究耳當是時
六先生桑梓情殷痌瘝念切移書當道指陳利弊
列憲皆見諸施行是以桑園全圍千百萬生靈億

萬年利澤胥玉成於
六先生一人一時之惠抑何厚幸耶　鄉先達必
力焦勞爲全圍熟籌善後惠必有孚我後起雖未
攝寸柄得所設施而窮經將以致用苟鄉園可以
效力爲己即以爲人亦一事業也謹依指畫强勉
奔走工竣
六先生爲後修隄記以示來兹後之人應知
皇恩　憲澤之有自來而此後歲修罔敢懈忽期溥利
綿於世世斯
六先生有餘不盡之志抑兩邑無窮之福也已己
卯二月既望南海潘澄江謹跋

築復三丫基並通修全隄碑記

事以難而自阻非吾儒之所以爲心故誼之所屬雖盤錯當前可驚可愕亦且壹意圖之而務期有濟丁丑五月西潦漲發九江河淸兩鄉始則外基不保繼且內圍坍卸仁和里永安門牛牯路各險方搶救幸免而海舟之三丫基竟以決告矣一晝夜間圍腹盈溢沙頭龍江諸隄及吉贊橫基皆反潰向外而圍中泛濫會不稍消人口田廬多遭傷壞淹浸二十餘日不克胥匡衆

大憲軫念民生據情入告賑緩兼施並請

旨賞借本管基段十二戶帑項五千兩暫築月基以護

晚禾嗣復爲長久計再請借帑八萬兩發南順兩
邑當商生息歲給四千六百兩爲通圍修築之用
俱蒙
俞允立予施行
聖天子德洋恩普萬里外灑沉瀋災如恐不及懷生之
類已莫不歌頌
皇仁同欣得所惟月基之築浮鬆卑薄僅救一時非築
復大隄無以爲異日歲修之地十二戶方籌還前
借帑項於鉅工斷難獨支即各堡坍卸基段責令
自修終恐苟且塞責
列憲深以爲念遴委　吉明府偕南順　　王兩邑

俟會勘設處檄飭通圍并力從事照甲寅大修之
例五成勸捐共得銀二萬七千餘兩命瑾等五人
董其役事關桑梓不容諉謝卽於是年十月興工
至今年六月始克蕆事溯桑園之决自宋元以迄
國朝不勝屈指而築復之難無有如今日者蓋牂牁
江自端州出峽建瓴南下越百餘里爲石旗諸山
所阻激而東駛三丫基正受其東折之衝有明萬
歷四十年文學朱泰謂其地爲河伯所必爭籲請
護築新隄隄成而舊隄潰新隄者卽今所潰者也
國朝雍正乾隆間　中丞傅公　方伯陳公皆命採
石修築胥以湍怒難制爲憂蓋地當最衝極險以

故隄身一決溢流頂衝奔溜磢錯視他處所潰衝
突更甚且決口內阸於高坵迅澓南北歧射甜而
成湖深者三丈淺亦二丈有奇比之曩時李村決
口較難爲力矣受命以後與闔圍紳士相視機宜
悉謂舊隄必不可復因依傍月基跨南北湖規而
內繞以避決口之深舊隄所決六十二丈者新築
計百八十二丈其間填塞南湖施工最鉅隄成高
皆二丈面濶丈有二尺其底則當南湖處十二丈
他亦不下八九丈既先其所難遂以次及其所易
吉贊横基則築復原址各堡決口及會經搶救諸
隄請　官勘估交各堡紳耆修復魚塘之害於隄

者塞之卑薄處槪加高厚以二月初旬閤圍土工
先竣
方伯趙公親至工所歷覽欣慰命多購蠻石累積
新隄暨大洛口禾乂基以捍衝激五月中旬石工
僅成八九而西潦洊至新隄不没者二尺加以暴
風淫雨震撼非常　本邑邑侯亟臨相視
制府　宮保阮公亦委官查勘而新隄屹如山立
得恃無恐不可謂非幸也昔胡瑗教弟子經義之
外言治事必兼治水爾時劉彝善於水利後多以
治水見長自愧佔畢儒生不能如古人明體達用
素裕經猷又復事處其難功之克成豈能自必故

當其始也湖深決鉅洋洋浩浩慮殫爲河卽楗石將竣之日夏潦暴發圍衆慄慄鮮不慮如汲長孺鄭當時之塞瓠子成而復壞者而卒葺若宣防人歌萬福先儒有言處事者不以聰明爲先而以盡心爲急其亦勤能補拙之義乎而
列憲之指示周詳縉紳之維持恐後則所資者良不少矣雖然不可狃者目前之安也憶昔甲寅通修費金五萬有奇工竣後又復籌貲購石捍衛周全方以爲一勞永逸乃二十年後横碕兩鄉基既潰於前今此三丫吉贊基復潰於後而各堡之坍卸搶修僅乃得免者又不一處此豈前功易墮哉

涓涓不壅將成江河歲修一弛狂瀾孰禦繼起者所貴有螘漏之防也夫以萬難之事付之書生之手悉心以圖尚可按期奏效况後之君子才力且十倍吾曹藉解息之常贏思患預防圖難於其易奠定之休豈有旣極吾知萬寶告成千村安宅俗美風淳可無負

聖主栽培之德暨

列憲保卹之恩矣若夫博稽故事審度時宜俾踏實易行恃源不竭與兩臺往復商搉延利澤於無窮則在籍　少司馬温質坡先生實任之已詳

先生後修隄記茲不具述

嘉慶二十三年歲次戊寅孟秋

基務總局首事簡村堡舉人羅思瑾

九江堡舉人岑　誠

鎮涌堡訓導何毓齡

河清堡舉人潘澄江

先登堡舉人梁健翎

桑園圍考

桑園各圍周百數十里居其中者十四堡西圍自三水飛鵞山起至甘竹牛山交界止東圍自吉贊晾罟墩起至龍江河澎圍尾止雖東西各當一面然一有冲決則全圍皆受其害是東西兩圍實合而爲一也圍內綺交棊布百族安集民惟潦漲是懼查全隄以西圍之三丫禾义大洛口等基爲極險而東圍之韋駄廟眞君廟次之中間舊有倒流港爲九江兩龍下流之患經陳東山先生塡塞自是但有外侮而無內憂當五六月西北兩江潦水漲發怒濤湍激大爲隄害若不合力并心時加整

理嗷嗷萬姓靡有寧居矣謹將全圍原委基址廣狹遞次興修徵諸文獻編年紀事畧志于後其有未備者尚容採訪焉

宋徽宗時張公朝棟官廣南路初八粵微服訪民間疾苦舟過鼎安值夏潦漲湧懷山蕩蕩萬頃無垠高坵上露天席地而棲者滿目皆然卽爲奏請築圍以全民命得旨遣尚書左丞後陞左僕射何公執中與公審度形勢速行建築今東西兩隄二公胼胝之力也故老所傳高廣丈尺頗不入信當以乾隆八年周公尚廸碑文爲據詳後越二年隄成卽分別堡界各堡各甲隨時葺理河清隄上舊有　洪聖廟並奉祀何公今圮

既築圍之三年上流大路峽基決水勢建瓴下我
圍中無間堵仍復淹浸張公乃相地勢最狹處西
自吉贊岡邊起東屬於晾滘墩築橫基三百餘丈
依照東西兩隄高濶并留餘地以爲取土修補之
用今橫基亦有　洪聖廟并祀張何二公暨歷次
有功斯隄者
明洪武二十八年乙亥六月初九日吉贊橫基被
潦冲決各堡議築時有九江陳公博民號東山叟
慷慨有才謂夏潦歲至倒流港爲害最劇乃度其
深廣工程伏闕上書議塞旨下有司屬公董其役
洪流湍激人力難施公取數大船實以石沉于港

口水勢漸殺遂由甘竹灘築隄越天河抵橫岡絡繹亘數十里經始丙子秋告成丁丑夏各堡人士爲建祠九江顏曰穀食新會黎貞記之貞號秫坡陳白沙嘗稱之曰吾邑以文行教後進百餘年秫坡一人而已詳府志儒林傳

永樂十三年乙未李村基潰决各堡助力修復

成化十八年壬寅夏四月河清基决各堡助力修復

成化二十一年乙巳海舟基决各堡論糧助築

成化二十四年戊申海舟基又决通圍助力修復

嘉靖十四年乙未夏五月大水决基不記地名御史戴

景奏請蠲賦

萬歷十四年丙戌秋七月西海基漫溢總督吳公

文華疏請減租

萬歷二十五年丁酉大水西海基決不記地名

萬歷三十三年夏五月大水沙頭堡基決附近自

行築復

萬歷四十年壬子九月十六日海舟堡水割下墟

坍陷幾盡經庠生朱泰等呈請制軍履勘謂此隄

逆障洪流爲河伯所必爭須退數十丈別創一基

方可免患通圍定議計百丈有奇各堡計畝派築

復承邑侯羅公萬爵委佐官督理數月基址告成

至萬歷四十七年原舊基潰
崇禎十四年辛巳六月初三日大路峽決我横基
東頭決一十七丈全圍淹浸邑令朱公光熙駕農
舟行泥淖中躬親撫慰捐俸賑施即傳各堡合力
築復朱公並請當事助工修峽明年復捐修鎮涌
堡南村各隄及各竇穴民獲寧宇
國朝順治四年丁亥五月大水六月初八日大風颶
吉贊横基墮裂二十餘丈各堡傳鑼築復附近出
舂米酒食
康熙十七年戊午六月廿七日渡滘馮德艮田頭
基決去六丈各堡齊到將附近樹木塼杉救復馮

德艮犒謝是年大憲奏免被災錢糧三分之一

康熙三十一年壬申五月十九日大雷雨八日葫蘆嶺裂火光滿天横基中段决去三十九丈其深無底各堡會議用竹排乘泥繼用杉紐架井字加板施泥九月初八日始復原址

康熙三十三年甲戌五月初六日西北兩江潦發自三水下連决一十九圍初八日横基决去五十八丈八尺各堡傳鑼齊到每甲要艇一隻人夫四名各携鍬鋤終不能救至水退有義士程公儀先到處科捐其有應科不繳者工人纏催程公郎將已業變賣應支乃得完理是年大憲奏免錢糧三

分之一

康熙三十六年丁丑六月初三日潦漲初四日兼發颶風連日衝決蜆壳青草沙基上桑園等圍初六早橫基水將溢面各堡傳鑼救復吉贊鄉送酒米犒工各堡亦自携糧到基所工作

康熙四十年辛巳五月吉贊橫基潰通圍修復是年大憲奏免錢糧三分之一

康熙四十一年壬午十一月十五日奉巡撫都察院彭憲牌案准

工部咨開直隸各省應修低岸上官務須親往查勘如工程不堅經管各官指名題叅等因通行欽

遵在案飭縣行司星速親詣所屬各該基竇處所限一月內逐一清查遇低鈌崩陷之處督令該鄉業户附近坦田取坭修補倘有豪强抗阻不俾取坭修理阻撓工程不遵承管者立拿究處至修築興工竣工日期星馳具報

江浦司各堡里民呈爲乞採輿情賜文詳覆事竊惟桑園一圍吉贊横基歷來各堡里民合同經理未有分界另管凡有崩决合力築修去年五月内西潦冲陷奉行修葺亦係論堡論糧均派經報竣工在案今奉攝理府事太爺金批着令監界分管無非欲有專責易於提防獨是各堡里民住居有

相距基所七八十里有相距三四十里近者朝往暮歸尚能照看遠者盡日程途鞭長莫及必須人看守方保無虞但荒郊蔓草無處栖宿此豎碑分管似有未便況西潦漲發無期決崩基址難料假使崩決此堡基份遠者弗能奔救近者亦謂各有專司勢必秦越無關且以一堡之人力長江巨浪萬萬難持雖則事後責成經管復何異江心補船此分管之勢實有難爲今集衆再三商議求其久遠無弊計出萬全者莫若任在吉贊一村夫吉贊枕在基所出入耕作皆由此道若西江潦漲基有危險該村登卽鳴鑼附近鄉村遞相接傳奔報各

堡之人身家性命所關未有不奔馳恐後者吉贊一鄉田園廬舍亦在圍內當日修葺橫基衆人念係小修未有派及該村今日令其傳鑼遞報揆之情理甚屬妥協即去年八月間西潦復發基又危險幸藉該村鳴鑼相傳晚稻始獲豐收即其明效倘風雨淋漓基未畫一俟冬天再加修補另具結報再查橫基東頭有橫水小渡一隻向在杜滘村前開擺裝載耕農器具迨後權移橫基河下每逢一四七墟期往來客商以及佛山張槎下風岸等處販買牛隻每墟牛隻多則百餘少則數十日踏月殘甚易崩頽如康熙戊午年崩決橫基皆由牛

隻踐踏低陷成坑致遭禍患伏乞一併轉詳着令
渡回原額牛由上路通行等情歷呈各憲蒙批准
如詳在案
康熙四十五年丙戌十月十九日九江堡舉人關
龍貢生朱順昌等瞞控欲築高篸居基以爲內防
自潭邊路口起至沙邊墟石路岡尾市爲界基面
濶以五尺高照篸居基陂上石橋面爲度稟蒙縣
主給示興工後經各堡聯呈以一件宦衿結黨佔
業築基閉塞水道乞弔示停築亟救糧命事切四
海爲壑聖禹利在天下鄰國爲壑白圭私立一方
某等各堡與九江同居桑園圍內各堡居北九江

居南歴衆共築東西二海大基以防水患間或修
葺合力鳩工如遇洪潦崩決全由九江下流注消
是下流之通無異九河之注海淮泗之注江也詎
九江堡舉人關龍貢生朱順昌等只謀一方便利
不顧各堡顛連假修復爲名揑稱古蹟遁前藏後
鬼載一車强將大同稅業混飾虛詞瞞聳仁天蒙
批查勘乃賄巡司不行公踏不詢鄰堡不查稅戸
混文回報給示修築寔于本月二十二日興工擺
汛兵而擁器械大張聲勢童叟驚駭公查伊鄉從
無裏圍原跡上古旣無舊址今日奚容新築此基
横截則閉塞下流喉咽若遭水患耕鑿維艱秋成

無望廬舍將爲魚鼈民命喪于海濱勢着瀝情叩
乞仁慈俯念全圍稅糧之大民命之多亟賜金批
弔示禁止庶水道流通民安耕鑿國賴輸將通都
頂祝無旣矣並聯呈督撫司道衙門蒙准牌仰廣
州府親行踏勘後弔案會審詳報彼此呈詞連搆
三年乃得結案制府批仰布政司速委府廳兼同
該縣及營汛星馳到新築處所押勒鋤土還田計
聯詞二十紙單詞五十六紙并發

雍正五年丁未總督孔公毓珣奏請基圍之務責
成于官或動帑修葺或督率培補大中丞傅公泰又
以海舟堡之三丫隄基最衝極險蒙發帑采石修築

乾隆八年癸亥李村海舟基並決吉贊橫基水過
基面復陷三決口先是四月廿七日漲決南岸圍
自南岸之下左右圍基俱被腦頂水冲決至五月
初一日始決橫基其李村海舟基自行築復五月
初八日各堡里排齊集鎮涌洪聖廟酌議堵塞橫
基庶保晚禾每甲在戶民米六石起至十石止均
要出夫四名竹籮四隻杉樁四條艇一隻其籮滿
載坭土向缺口處所連樁壁下每艇又加禾草五
十觔連築四日壓禦上流禾稻得以豐收九月初
一日復呈懇撫憲王公安國仰司移道委妥員辦
理具報十月初一日奉廣州府保爲基圍未固事

據南海縣申稱桑園圍吉贊橫基地居上游實屬
通圍咽喉關係匪輕培築實難稍緩經里民曾賢
等各堡請合力鳩工按糧均築計圖久遠爲善後
之舉第鄉村遼濶工力浩繁誠恐人心未臻畫一
若非專員彈壓督理更虞呼應不靈荏苒觀望應
聽道憲委員就近督理諭令圍民卽向旁坦取土
趲工培築高厚再該圍自吉贊橫基之下則有庄
邊林村民樂市藻美鄉至吉水竇一帶基址均屬
低薄亦應着令各業戶按照原管基界一體自行
加築等情當卽派委南海縣丞會同江浦司巡檢
前赴該圍基督修仍嚴飭巡檢胥役人等奉公守

法不得藉端勒索分文及船夫飯食銀兩如敢陽
奉陰違察出立即參究隨於十月興工至十一月
底報竣其告成勒碑在　洪聖廟係江浦司周公
尚廸撰文內載張何二公始建基址基底一十二
丈基面六丈兩旁餘地三丈吉贊橫基亦如之
乾隆四十四年己亥五月初九日潦漲連潰十八
圍自波子角冲決澎湃順下漫溢吉贊橫基坍卸
三口計長三十丈有奇各堡里排集佛子廟妥議
論條銀起科認捐是年完築先是漲發洶湧西海
旁九江堡仁和里崩決河清鄉基與九江杭界處
崩決皆本鄉附近自行築復李村天后廟旁基亦

經搶救卸而復完

乾隆四十九年甲辰六月初二日烏尾潭及李村黎家前基潰决本鄉附近自行築復

乾隆五十九年甲寅七月初五日西潦湧漲各隄潰決計二十餘處而李村決口坍潰至八十餘丈蒙督撫兩院奏准撫卹并蒙緩征乃巨浸雖退該堡無從措計適在籍溫太史篔坡先生與薦舉孝廉方正何公榕湖聯集南順兩邑士民共謀修復並稱是隄自明初至今四百餘年潰決無慮十數皆張皇補塞迄無成功欲圖久安非通修之不可維時兩邑同圍共十四堡稟奉憲諭因稅定額每

兩條銀起科銀七兩南邑十一堡若九江沙頭大同河清鎭涌海舟先登金甌簡村雲津百滘認捐十分之七順邑三堡若龍山龍江甘竹認捐十分之三得五萬餘金以李肇珠梁廷光陳殿采關秀峰總其事復各堡推出首事以爲副理先將李村决口築復計長一百四十五丈其餘通圍無論坍卸單薄一律培厚增高經始於甲寅冬十月告成於乙卯年七月工竣之後並創建

南海神廟以崇禋祀旁祀歷來官斯土之有功於桑園者又蒙陳方伯沿隄履勘謂頂衝各處應需培石南順兩邑各堡復照原額添捐得銀九千餘

兩分别險段堆磡完成然後全隄鞏固備詳圍志

嘉慶十八年癸酉五月初五日潦湧稔横兩鄉基

决三十一丈該鄉自行起科並向通圍求助係各

鄉堡量力公帮築復

嘉慶廿二年丁丑五月十九日西潦㬥漲九江大

洛口外基河清外基皆决海舟堡三丫基因前伐

稿木樹根霉廢以致滲漏坍卸經各堡傳鑼搶救

不及冲决六十二丈水刷都爲巨浸緣海舟鄉高

坵拒阻分兩支奔騰南出者原仲祠前因漏成湖

北出者麥村旁天妃廟後因塘成潭皆深二三丈

不等二十日水由東滿溢瀾翻吉贊横基及沙頭

堡基龍江堡基各有數决口並因狂潦反出淹斃

人命倒塌民房荷蒙

督撫具奏委賢員撫卹復責令該管海舟十二戶暫

行圍築月基以救晚稻十二戶紳耆請借　帑銀

五千兩爲圍築月基工費　恩准十二戶分兩年

帶征時在籍龍山温少司馬深以爲憂致書制府

謂三十年來連決五次民困已極雖竭綿力修復

而塞此決彼力有難周况歲修徒爲具文並無實

項必知其受病之由方得救之之術否則憂未已

也會兩邑紳士亦聯呈籲蒙　蔣部堂 阮制憲　陳撫憲

曁當道各大人皆撫字恩隆保障念切於嘉慶廿

二年十一月奏　准借帑本銀八萬兩分十六年
繳還係交南順兩邑當商生息遞年除歸本外我
桑園圍得息銀四千六百兩推公正紳士管理以
任歲修一面飭我通圍十四堡照甲寅李村決口
以條銀起科大修例此次五成起科公舉總理築
復三丫基吉贊橫基及通圍各患處所具報乃俟
帑項得息遞年修補復承　吉分府冐父師帖催南順兩
邑紳士妥議并硃諭羅思瑾岑誠何毓齡潘澄江
梁健飭承辦基務九月十七日開局在梁家祠派
簿認捐限期各堡陸續彙繳以應基工詎決口前
通大海後刷深潭勢難硬築經繪圖註說請示着

令依月基旁挑去浮沙換過淨土用牛硒練惟南
湖十八丈水深二丈餘當即採買九龍山巒石壘
砌成堆用沙滲結既成復卸再卸再塡乃得堅實
於基後密排長椿三重然後水風交激不能撼動
隨可一律合施土工至嘉慶二十三年二月基成
土工先行報竣南湖基以水面計基底十二丈其
餘基底八丈或十丈基面一丈二尺圍外盡壘巒
石悉自水底疊次砌起南湖基裡復傍石塊又至
六月石工始能報竣蒙
阮制憲委　徐分府履勘督修暨
趙藩憲親臨基所指示章程萬民懽忭

閤父師更屢駐襜帷周圍勘視無微不照通圍各堡所有患基着令該鄉報明勘估卽在該堡應捐項下照估扣留交該處紳耆培補報銷並飭首事於估價外細察全圍情形應添土工石工之處悉力籌辦九江廳李江浦司章常川到局彈壓日役千餘人督辦不倦以至告成迨五月初旬連日潦漲至十八日基不没者二尺餘新基屹然無患惟麥村旁舊基因塘成潭處所會估銀培築該十二戶紳士但在基外添濶其基裡陡企處未免從畧卽乘潦至雨多內坍十餘丈經麥村傳鑼各堡齊到搶救得以無虞六月初三日水退登卽集夫赶緊培好

先是十九日洪濤洶湧九江外基華光廟旁決去
三丈搶救不及而大基安𠕇無恙

具呈桑園圍南海縣紳士陳書關士昂岑誠明秉
璋鄭允升關家麟黄龍文關鳳鳴朱瑛陳履恒
曾次顔胡調德吳大安潘士琳潘澄江何毓齡
何翀霄傅其琛郭麟李雄光梁文綱梁健翎區
先登羅思瑾黄駿陳應秋余鴻李萬元崔士賢
張璜順德縣紳士周維祺鄧林温鳳韶黄聯魁
鄧聰元温若瑊周其芬
爲聯懇　憲恩俯冀　垂鑒事切書　等桑園一圍
爲南順兩邑最大之區上接三水下達龍山龍江
甘竹三堡週迴百有餘里袤延幾及萬丈百萬生
靈田園廬基全賴圍基保障溯自宋朝始建迄乾

隆己亥甲辰甲寅等年冲決數十次而甲寅李村之決爲尤甚波濤洶湧工鉅費繁通圍按糧科派共得銀六萬兩合力通修一律完固詳載誌書歷歷可考迨至癸酉先登堡橫稔兩鄉基份復被冲決竭蹶修築民力實爲拮据距今僅越四載本年五月三丫基又決六十餘丈荷蒙

大人委員暨縣主親臨履勘撫卹兼施并蒙借給帑銀五千兩發十二戶圍築月基以救晚禾輿情深爲感激但歷年未久水患頻仍氣體尙未復元又值狂瀾爲害有力者被災固深無力者受患不淺然事因切己責屬民修不得不勉强支持設法工

築書等公同籌議查照甲寅年按糧事例以五成
起科所捐銀兩不許扣留為該堡修葺之用概交
公所收存先將三丫基決口築復其圍內吉贊橫
基以及頂冲險要坍卸處所次第補修以冀鞏固
惟是水患無常深為可慮此次築復之後實屬力
竭筋疲倘再遇洪濤勢難復振與其束手待斃孰
若未雨綢繆伏思
大人視民如傷慈懷保赤軫念左支右絀之苦宏開萬
世永賴之恩或籌欵以備將來或借項以求生息
俾書等歲修有備善後得宜從此基圍鞏固海晏
河清咸享樂利之休永無昏墊之害億萬斯年咸

戴
鴻慈于不朽矣用敢冒昧上陳并粘現議捐派銀數
修築章程聯叩
轅前伏乞
恩鑒爲此呈赴
欽命總督兩廣部堂大人臺前恩准施行
計粘查照甲寅年原續捐銀數目今議以五成
起科得銀實數并修築章程列摺呈
電
嘉慶二十二年八月　日呈
另呈

撫憲
藩憲
糧憲
廣州府
查照甲寅年原續派捐銀兩各堡議以五成
起科所得實數銀欵開列
計開
先登堡原捐土工銀二千三百五十兩
續捐石工銀四百七十兩
今議以五成起科應銀一千四百一十兩
海舟堡原捐土工銀二千三百兩

續捐石工銀四百六十兩

今議以五成起科應銀一千三百八十兩

鎮涌堡原捐土工銀二千一百四十兩

續捐石工銀四百二十八兩

今議以五成起科應銀一千二百八十四兩

金甌堡原捐土工銀二千三百三十二兩一錢三分

續捐石工銀四百六十五兩八錢八分九厘

今議以五成起科應銀一千三百九十九兩零一分

簡村堡原捐土工銀三千六百一十七兩九錢

續捐石工銀七百二十三兩六錢

今議以五成起科應銀二千一百七十兩零七
錢五分
百滘堡原捐土工銀一千六百三十兩
續捐石工銀三百二十六兩
今議以五成科銀應銀九百七十八兩
雲津堡原捐土工銀一千四百一十二兩
續捐石工銀二百八十二兩四錢
今議以五成起科應銀八百四十七兩二錢
河清堡原捐土工銀一千九百四十兩
續捐石工銀三百八十八兩
今議以五成起科應銀一千一百六十四兩

大桐堡原捐土工銀二千兩

續捐石工銀四百兩

今議以五成起科應銀一千二百兩

沙頭堡原捐土工銀六千五百二十兩

續捐石工銀一千三百零四兩

今議以五成起科應銀三千九百一十二兩

九江堡原捐土工銀五千五百兩

續捐石工銀一千一百兩

今議以五成起科應銀三千三百兩

伏隆堡前後共捐銀一十一兩七錢二分

今議以五成起科應銀五兩八錢六分尚未派捐

龍山堡原襄土工銀七千五百兩
續襄石工銀七百五十兩
今議以五成起科應銀四千一百二十五兩
龍江堡原襄土工銀六千兩
續襄石工銀六百兩
今議以五成起科應銀三千三百兩
甘竹堡原襄土工銀一千五百兩
續襄石工銀七十二兩零六分五厘
今議以五成起科應銀七百八十六兩零三分
江浦司前五鄉基分係龍津堡屬前甲寅通修五
鄉以工代費此次五鄉幸無患基且所科無幾

故與伏隆堡尚未派及嗣後遇有工費仍一體

科捐

公議章程

一十四堡公築圍基工程浩大現奉　縣主切諭議照甲寅年按糧起科大修事例除鹽當兩商免計外所有原續派捐銀兩准以五成派簽每堡領簿一本或向殷戶勸捐或因條征科派悉聽其便總宜照額分限交出以應大工

一每堡公推殷實端方者一人承辦勸捐又舉諳練一二人赴局協理各盡所長以襄厥事

一各堡領簿之後該堡承辦者即協同堡內紳耆實力勸簽如富厚吝嗇者遵諭開明姓名稟覆縣主於十月初一日繳簿幸勿遲悞

一簽題繳簿後在海舟借梁大夫祠爲辦事公所各鄉簽題銀兩携至公所交總理收存登簿給予圖記收單付執仍聽寄貯以慎出納

一兩邑公推總理五人每堡亦議協理二人全賴始終鼎力常在公所督辦其餘所雇請司事人等量給工金其總理協理本身不能常駐聽其另覓公正子弟赴工督理不得託辭他往

一公所辦事者畢集日逐支發各項用度設簿登記至於所收銀兩及支發各數每日開明標貼廠前以昭公當

一公所日逐火足每日就人數多寡支應豐嗇得

宜列簿開銷

一三丫基所土性多是浮沙不能堅固必須別處取土運赴塡築及一應物料并賃牛踹練各工程宜聽總理首事變通酌議

一在工受雇之人務須登明住址姓名來歷日逐常川齊集公所勤愼出入遇夜卽在公所旁寮廠歇宿亦不得酗酒逞兇聚集賭博如有懶惰生事聽總理逐除違抗者稟究

一通圍合計現冲者固應急爲修築完固其餘吉贅橫基及各堡各段有頂冲坍卸險要單薄滲漏者皆宜一體修築次第具舉以期全圍鞏固

共保無虞

基工章程

一建醮擇十月初九日開壇十二日完醮

一祭基擇十月初九日請　官主祭祭品用豬羊

祭後下鐵牛二隻

一興工刨土打樁下石擇十月十三日

一築決口最爲緊要原決六十餘丈水激成湖現

内外水俱深二丈三四尺不等甚難施工今議

照決口硬築爲一圖畧灣入裡成基爲一圖挨

南便湖斜割下石截流擇淺處趨北成基爲一

圖又照新築月基依基旁圈築爲一圖計繪四

圖將工料土石用丈尺乘數仿土方例估議費

用逐一註說稟蒙
列憲定議以前三圖皆憑空結撰水深俱二丈
有零落石而石滿則卸下土而土散則浮工費
浩繁究非堅實不如照月基圈築東西北三方
皆有淤田桑地可靠惟南湖十八丈內外深潭
着用長椿先打一重然後下石卽將月基浮沙
填滲石罅再卸再填務令結實基底脚濶基根
方固再復連打長椿兩重貼平水面上加淨土
用多牛踹練基裙八字艇運坭瓜密排由水底
層累施放俾有坭漿糊結外裙上下並砌石塊
以防水激內裙用石壘脚以護基身原南湖基

最險自築成照水面計基底濶一十二丈高二丈面寛一丈二尺其餘通身一律挑去浮沙換過淨土用牛踹實上面間築坭壟拖尾以頂基身外面多壘石塊基底濶十丈或九丈面濶一丈二尺基裡通打一丈二尺杉樁週圍一式共圈築成一百八十二丈上下原决口兩嘴以巒石砌築堤頭卸却上流自成門戶所有工程務須鞏固毋或苟安

一開工以石爲先招集各處石船議定石價

鹹水石每百担議銀二兩一錢五分

新會石每百担議銀一兩八錢五分

肇慶石每百担議銀一兩七錢五分

各石以每塊在一百至二三百斤爲率最小亦要五十斤以上不及五十斤者不得上秤仍要大七小三配搭秤石之後須聽首事指點安放停當各船有情愿源源接濟者初次於該船頭尾量准水則編列字號用紙單註明尺寸蓋上圖記實粘船裡下次輓運到步以原字號爲准不用再秤以省紛煩至秤石時如有賄囑以少報多查出將石銀罰去倘督理有暗中需索許船戶通知毋得隱匿作弊

一坭工人數甚多議以二十八爲一起每起要攬

頭一人每工價銀一錢正仍由該堡保認以專
責成或挑坭或搬運或舂坭及鈒稈淘灰等項
聽從督理指使所有鋤頭鈀鍫每號要十五件
大篸每號要十五担担挑鍋灶碗快柴火自為
預備開工之日在基廠交督理點明如有器具
不足以及老弱年穉不得與列至於胡混入隊
不依指使一切斥逐
一坭工編列字號每號住寮舖一間深濶約二丈
每日開工聽大廠五鼓後頭旬鑼造飯二旬鑼
食飯三旬鑼到大廠每號每人領腰牌一個始
得開工至中午鳴鑼食晏復至晚鳴鑼一律收

工日間督理不時稽察如有短少人數未經報明即行將該號斥革另招補充至收工時候將腰牌照人數繳回督理

一開工之後遇有風雨難以施工即要鳴鑼齊收清晨至朝飯收工則算三分工清晨至中午收工則算五分工清晨至申一二刻收工則算八分工

一工數人多要編列某號落坭某處某號取坭某處設竹牌懸起標明各工要掛起腰牌以便查點勤者分别奬勸惰者即行革退其用船載沙坭者每日船租三分人工照算

一取土處所如係田畝則挨井計算中打一桩至
田面用字爲號以免挑工作弊
一挑南湖裡田每坭一井投銀三錢六分
一挑北湖裡田每坭一井投銀二錢四分五厘
一挑坭每日用牛踹練所挑到坭塊用工拷碎耙
平然後牛練其牛隻預早招人租賃
一牛隻踹練以三隻爲一手一人帶牛每日人工
牛工共銀七錢二分所有帶牛之人飯食以及
餵牛草料俱在工銀之內分上午下午兩班自
清晨練至中午放牛爲上班作一日算自中午
練至酉刻放牛爲下班作一日算中間快鞭匀

練不得私行放水其老弱牛母及牛牯仔概不
取録

一搭大廠一座監督之人常川在此督理每日發
收腰牌登記字號設草紙大簿註明某號工數
若干坭井若干牛數若干午後先交總理所兑
銀至晚携同各攬頭到公所開支

一坭工每號牛工每號皆設小簿註明住址人數
牛數艇數井數每晚隨同大廠督理之人交總
理所註明某號數目用了圖記方得支銀完工
之日繳回此部存核

一此番奉　憲查照甲寅年大修事例以五成科

派銀兩先將三了基決口及吉贊橫基築復并
查明全圍內頂冲坍卸低薄滲漏各處稟明勘
估次第遵照工程大小辦理毋容爭執
一開工之後工費浩繁必須銀兩接濟各堡派簽
銀數議以全數繳交總局聽局內總理支發其
應修處所次第陸續分人與修各堡均舉有首
事公同商辦斷無慮及輕重或有偏倚
一應修各處基址在於總局撥吏事人協同該處
紳士首事相度辦理毋得私自修築希圖冒銷
乃爲公慎

仿土方例議估各堡患基工費條欵

一大决口係冲陷成潭者將其底面長濶乘井每井估土工銀五錢四分牛工銀四錢四分

另用樁處每長一丈估樁料銀二兩五錢

一小决口每井估工費銀八錢

一坍卸經搶救者現有打樁可據每卸一丈估工費銀四兩

一大坍卸雖未搶救而卸至基脚水面不能築復原址者應傍原基外培築每長一丈估工費銀八兩

一小坍卸每長一丈估銀一兩二錢

一項冲單薄每長一丈估工費銀一兩四錢

一填塘每長一丈濶一丈高一尺連牛工共估銀三兩六錢

一應斜撇填濶處每長一丈濶一丈共估銀三兩

一滲漏處每長一丈估銀一兩四錢

另各堡所有患基公局如有餘羨查其緊要處所再行添補

具禀桑園圍首事羅思瑾岑誠何毓齡潘澄江梁
健翖
爲遵諭禀覆仰慰　錦注事切照桑園圍三了基
本年五月被潦冲决荷蒙　仁臺軫念民依親臨
履勘圍築月基以救晚禾查照甲寅年大修事例
以五成起科銀兩設法興築諭令　瑾　等赶緊諏吉
購料催速各堡應捐五成銀兩依限繳赴公所以
應厥工仍將興工日期先行禀覆等因遵卽傳集
各堡將派捐銀簿交給催收限以十月初一日繳
交三分之一十月十五日繳交三分之二十月三
十日全數交清毋得遲悮并選擇於十月初九日

祭基十月十三日興工落石下椿璉等准於本月
十七日在公所辦事常川督理赶緊築修以慰
慈念至各堡協理勸捐首事容俟各堡公舉并妥
議椿木土石各工事宜列册另稟外理合將興工
及分限繳收日期先行稟覆乞　垂鑒轉詳爲此
稟赴
嘉慶二十二年九月十五日稟

具呈桑園圍首事羅思瑾岑誠何毓齡潘澄江梁
健俶
爲敬陳修築基工事切瑾等遵照甲寅年修復李
村基章程以五成起科銀兩先將三丫基決口築
復其餘次第修葺通圍一案經將諏吉興工并分
限催繳銀兩各日期先行稟覆　臺鑒茲於本月
十七日設局辦事連日邀集各堡熟諳河工老成
練達之人分段相度繪圖註說勘估需費工料銀
兩籌議妥商查該基決口及內潭深處長一百丈
或八十丈俱深二丈三四尺不等工費浩大實難
施工惟新築月基現有基地可憑衆議於基傍逼

築大基挑去浮沙換過淨土用牛踹練堅實外面多壘石塊增高培厚自可無虞較之決口內潭等處施工事歸簡易費用節省謹等揣情度勢似屬可行理合繪圖列摺稟候　察核仰懇　仁臺親臨履勘指示工程俾得有所遵循勿致貽悞并懇出示於附近處所取土培築以免阻撓實爲　恩便爲此稟赴

一稟　縣主　一稟　吉分府

計粘估議工費銀兩清摺一扣

再稟者 瑾 等連日傳集各堡熟諳基工之人分段勘估需工料銀兩繪圖列摺來省懇請履勘稟明列憲俾得遵辦緣現已標貼招集石工於廿七八等日到局定價及分頭採買樁料兼以十月初一日爲頭限收銀之期各堡公推協理首事尚未赴局勷辦以致不能親請 訓示可否仰懇 仁臺據情列摺通詳抑或諭令 瑾 等通稟 大憲之處聽候批示飭遵至各堡派捐銀簿雖已樂從領回現聞人心不一或以圍外零稅爲詞或以勸發爲難或以按條爲苦紛紜其說尚未定議 瑾 等思既有外稅可除則當甲寅年派捐時自應除清今以

五成起科係照原捐額數折半科派何得藉以爲
詞況此說一開各堡效尤混指推延銀兩何以措
辦非仰仗　嚴諭必致悞事伏乞諭令後開各堡
首事不得以外税推諉遵照原額或向殷戶捐簽
或責令糧長科派照數依限繳赴公所毋得延悞
并懇牒移九江江浦李章兩父臺一體嚴催俾衆無
異議鉅工得以有濟又禀

南海縣閆　爲曉諭事現據桑園圍首事羅思瑾
岑誠何毓齡潘澄江梁健俶等稟稱切瑾等遵奉
甲寅年修復李村基章程以五成起科銀兩先將
三丫基決口築復其餘次第修葺通圍一案經將
諏吉興工并分限催繳銀兩各日期先行稟覆茲
於本月十七日設局辦事連日邀集各堡熟諳河
工老成練達之人分段相度繪圖註說勘估需費
工料銀兩籌議妥商查該基決口及內潭深處長
一百丈或八十丈俱深二丈三四尺不等工費浩
大實難爲功惟新築月基現有基地可憑衆議於
基旁逼築大基用牛踏練堅實外面多壘石塊上

面用土加高培厚自可無虞較之決口内潭等處
施工事歸簡易費用節省瑾等揣情度勢似屬可
行理合繪圖列摺禀候察核仰懇仁臺親臨履勘
或委員勘估指示工程俾得有所遵循勿致貽悞
并出示附近處所取土培築以免阻撓等情據此
除諭飭首事羅思瑾等購料興修外查興修基段
所需坭土誠恐附近人等借詞阻撓合就示諭爲
此示諭附近居民人等知悉如遇基工挑取坭土
任從挖掘不得借詞阻撓倘敢抗違許首事羅思
瑾等指名禀赴
本縣以憑嚴拿從重究懲决不姑寬其工匠人等

如有可取土之處不得貪近毀廢墳塋各宜凛遵
毋違特示
嘉慶二十二年十月初一日

具禀桑園圍首事羅思㻞等
爲勘估全隄據實禀覆事竊照修築桑園圍基一
案㻞等遵奉嚴諭先將三丫基決口築復其餘吉
贊横基及各堡險要頂冲坍卸處所禀明次第修
補前月二十日接奉　鈞示着㻞等隨同委員立
將該圍全隄勘明何處冲決坍卸何處最爲險要
必須先行修築何處可以暫緩分別估計應需工
料若干刻日禀覆等因查五成起科僅得銀二萬
七千餘兩今三丫基決口前估費銀一萬七千餘
兩吉贊横基又需費約一千兩尚餘銀八千餘兩
自應分別工程緩急逐段勘明方能核實次第辦

理登卽札知各堡如有患基列單報明以便估勘
除廿竹堡基段未有開報所有各堡均已報清遵
於前月廿四日由先登堡飛鵞山起歷海舟鎭涌
河清九江沙頭龍江簡村百滘雲津等堡挨次查
勘秉公核估惟九江沙頭兩堡基段多被居民影
估以致基面偪窄一遇潦至用浮坭傍塞水退則
將浮坭鋤去瑾等察看情形其有應歸公項修補
者列明冊內其霸佔基址低窪者責令該業戶自
行培護以昭公當但恐人心不一惟利是趨希圖
逼圍爲其修葺將應捐銀兩扣留不肯繳局獨不
思三丫決口工程僅及五分之二用銀已費八千

現在日逐支銷動形竭蹶倘再延玩必致悞工轉
瞬春水一至悔何能及理合將估勘緣由列摺禀
覆伏乞　嚴諭各堡遵照估勘工費辦理速將應
繳之銀繳赴公所毋稍扣留該堡應修工費總局
亦按額派修不敢遲玩臨禀不勝懇切焦急之至
爲此禀赴
計粘估勘全圍基段丈尺工費清摺一扣

桑園圍總修志 卷十之二

再禀者瑾等於十一月廿四日由先登堡起協同
各堡紳士業戶地保人等眼同將各段基址沿堡
逐一施弓所有患基皆經估勘本月初二日回局
正擬將勘估情形分別緩急備列清摺禀呈　電
鑒適初三日接奉　臺諭領悉　徐分府現奉
制軍委臨履勘是以未及禀覆詎今數日尚未見
到不得不赶緊禀聞以抒　廑注查九江沙頭基
址多被民房霸佔并種植桑株以致基面僅留三
四尺不等今一概照舊着令底濶五丈面濶一丈
勢必毀拆民房鋤伐桑株人心未免爭執況所佔
基地相沿已久業戶屢爲更易事有窒碍難行　瑾

等悉心籌議飭令將基面培築高濶其桑地低薄者責令業戸自行培厚該地仍給管理似此民不失業兩得其平將來應繳之銀更難藉端推卸至各堡應修基段填塞塘池　瑾等理應前赴督修緣在公所辦事僅　瑾等五人又吉贊横基不日開工正需人料理各堡協理無人到局難以分辦盡無各堡修補各基令該紳士公舉三二公正之人督理分任厥工乃能勸事復飭照所估章程依段刻日興修毋任濫銷虛應故事　瑾等固不敢辭勞亦不敢稍存偏輕偏重之見以負　委任至各堡竇穴現在該堡將竇水赶緊車乾再行勘估稟覆羅

思瑾等再禀

桑園圍總志　卷十六

兩廣總督部堂阮　為札委催辦事照得南海縣
桑園圍三丫基夏間被水沖決經
蔣前部堂會同
撫部院奏蒙
聖恩借帑修辦本部堂蒞任以來未據該縣將工程已
有幾分何時可以完竣之處隨時具禀又該圍橫
基及九江大洛口等處今夏亦皆報險應一律乘
時培築免致春雨躭延夏潦踵至現在曾否興工
亦未見據該縣具報刻已臘月轉瞬開正春令雨
多工程即不能如冬令之堅固合亟飭委催辦札
到該倅立即束裝前往傳諭司事業墟人等赴此

冬晴日暖無分晝夜加緊修築赶於交春以前完竣並將橫基九江大洛等處隄工一律察看培修該紳民自衞梓桑聞知本部堂此諭自必倍加踴躍趨事該倅於傳諭後即周歴决口將工程已有幾分之處先行禀覆查核至保護隄身之法第一先須培厚桑園圍當日隄身本寛後爲外水內塘所冲遂至日侵日削此時借

帑生息籌議歲修必須預行核定隄身丈尺分別急緩以便將來辦理有所依據除沿隄魚塘先經蔣部堂飭據委員吉倅會同南順二縣勘覆分別遠近俟工竣辦理外並即傳諭各堡紳衿司事乘

此冬令水落各將本堡隄身現存丈尺若干原舊丈尺若干必須若干丈尺方資捍衞隄外有無沙坦沙坦寬濶若干何處情形險要宜先修何處情形次要可緩修會同總局核明詳晰繪圖貼說通送院司府縣衙門察核本部堂勤求民瘼不憚先事綢繆各總散司事人等務須核實秉公據實開報毋稍草率隱飾切切特札

嘉慶二十二年十二月初三日

桑園圍續修志 卷十七 二

具呈桑園圍首事羅思瑾等
爲報明基工情形仰祈察核事竊瑾等遵奉修築
三丫基决口業將興工日期及善後章程隨時禀
明在案本月初二日接奉　鈞諭備悉　大憲現
委徐分府親臨查勘基工隨於本月初七日到局
面諭加緊修築趕於交春以前完竣并諭各堡紳
士將隄身應填丈尺若干隄外有無沙坦何處情
形險要分別趕修詳晰繪圖通禀等因遵卽隨同
查勘三丫新築基身計長一百八十二丈南基八
十丈築有八分工程與原基高寬一式北基長一
百零二丈巳築有四分工程連日又隨同查勘吉

贊橫基及九江大洛口等處應修塡基段魚塘擇於十二十五等日興工沙頭一堡已於十一月二十日開工修補其餘坍卸滲漏處所亦加緊培築務於春前完竣 瑾 等仰體 憲懷於查勘時勸令各堡首事將應捐銀兩早爲繳局以應鉅工本月初一日以前各堡拘執扣留意見以致所繳銀兩僅及敷支不得不酌減人夫以待接濟此番估勘之後人心想應踴躍從事現已復役千夫赶緊培築報竣以毋負 列憲深恩惟龍江甘竹兩堡分隸順邑屢催未繳當此大工緊迫勢難遲緩轉瞬恐有春雨躭延夏潦踵至悔何能及懇請移縣飭

催其餘沙頭九江先登簡村百滘雲津各堡欠繳
銀兩爲數尚多現經李章兩父臺嚴催又奉　仁臺
嚴諭仍復再延鉅工何以應需卽沿堡所估患基
銀兩除該堡扣回塡築外仍懇示諭該堡紳士務
照所勘丈尺基段依估培修毋得濫銷一經覆勘
察出恐干未便然後通圍乃可一律完固至歲修
善後事宜經瑾等於十月內稟覆緣奉　制臺大
人札諭復再集闔圍衿老妥商均照前擬列摺呈
報所有現在基工及通圍塡修各段情形除稟
列憲外理合繪圖註說稟候　察核爲此稟赴
計粘徐分府稟稿一紙圖形一紙呈

電

總督部堂阮　爲曉諭示禁事照得南海縣屬桑
園圍三丫基等處本年夏間潦水冲決經
蔣前部堂會同
撫部院奏蒙
聖恩借帑籌辦并據該圍居民公捐興築現在應修冲
決水口及各堡患基實宂業經諄飭趁此冬晴水
涸趕緊修築完固第興利必先除害愼始尤貴圖
終查該圍基兩傍向有護隄樹木屢被附近居民
肆行砍伐樹根朽爛坭土即鬆且有貧民盜塟官
基開挖魚塘以致隄身日就侵削低陷若不從嚴
示禁則工完之後難保不復行潰決合行出示禁

止為此示諭居民諸色人等知悉除附近魚塘即照原勘丈尺一律填塞外嗣後毋得砍伐隄傍樹木盜葬墳墓私挖魚塘倘有貪利頑梗之徒仍蹈故轍許地保基總人等即赴地方官禀究該地保等縱容徇隱查出一併嚴懲工竣之日該首事仍將各堡沿隄樹木叢塟墳穴詳細查明立石隄上毋許再行違犯　本部堂念切民瘼不憚諄切告誡該民人等宜各自衛梓桑毋得貪圖目前小利自貽伊戚特示

嘉慶二十二年十二月廿四日

署廣州府事留粤府正堂龔 爲飭遵事嘉慶二十三年正月二十四日奉布政使司趙 憲札嘉慶二十三年正月十四日奉

太子少保兩廣總督部堂阮 批據南海縣具禀案照縣屬桑園圍三丫基等處去年夏間被潦水冲决先據該圍紳士等公同議照甲寅年通修事例五成起科先將三丫基决口築復其餘次第興修一案荷蒙 憲恩奏請借帑生息以爲歲修之費當經卑職將全隄議修始末緣由通禀在案除督飭委員催速各首事赶緊修竣務祈鞏固另文申報外所有善後事宜同甲寅年桑園圍誌理合禀

繳察核緣由奉批據禀善後事宜仰東布政司議
詳察奪仍飭縣督率委員速催各首事赶緊修竣
具報毋稍延緩此繳誌書存禀摺抄發等因奉此
到府惟查章程指稱隄工丈尺既與奏案不符而
末條將本繳清後息銀全給修隄之語更與原奏
相悖除將章程改合轉詳　藩憲外合就札飭札
到該縣立即遵照奉批情節督催委員速催各首
事刻日赶修完固具報毋得遲違速速須札

計粘單一紙

嘉慶二十三年二月初六日札

具呈桑園圍首事羅思瑾等
爲力有難施稟懇據情轉詳事竊照桑園一圍上
連三水下達順德甘竹兩龍爲南順兩邑最大之
區當西北兩江頂沖要道去年五月內潦水漲發
沖決海舟堡三丫基六十餘丈查照甲寅年李村
決口按各堡額數以五成起科共得銀二萬七千
餘兩先將三丫基決口築復其餘一律逼修現逼
圍土工均已告竣惟三丫基及禾义基大洛口等
處俱應落石培護荷蒙　藩憲軫念民依親臨履
勘擬照浙江塘工之法用大小木櫃或竹簍裝貯
亂石兩旁用木樁打排結實層累而上砌作階級

之勢飭令 瑾等如法辦理仰見 大人指示周詳
法良意美敢不凜遵惟查粵東河道類多沙坭壘
砌蠻石亦不能隨沙滚溜且基旁河水皆深二三
丈不等潮退無多比不同浙江潮水大長大消易
於施設兹三丫基大洛口險要等處前經落石日
久雖有掤卸然再添石塊自可無虞現在此次起
科銀二萬七千餘兩而各堡所欠尚有二千七百
七十兩三丫石工已有六分大洛口石工亦有五
分惟有赶緊催收餘欠之銀按照基段添補壘砌
風浪自不致冲激况蒙
列憲奏請借 帑生息以備歲修遞年將所領息

銀亦照叚積壘更爲鞏固即欲如浙河辦理而粤
海水深椿短人力固難施工經費亦難設措徒負
憲恩理合將落石情形不能遵照浙河辦理緣由
用敢冒昧據實稟覆是否有當聽候　察核轉詳
實爲　恩便爲此稟赴

桑園圍總志 卷之三

遵將籌議善後章程列摺呈

核

計開

一議首重歲修以備將來也

查桑園一圍正當西江頂衝自明初至今四百餘年隄岸日削迴非昔比向例歲修俱責之附隄各堡而無如地瘠民貧不免草率從事現蒙

大憲勸諭照甲寅年五成捐簽銀兩一律通修幸慶安瀾足稱樂土但以一萬餘丈之長隄當滇黔西粵數省之盛漲歲一不修或修不如法卽多可虞不得不申明舊例每歲應責成各堡按照

誌書基段長短隨時自行修補遞年聽候兩司
查勘不得藉有歲修帑息銀兩推卸爭執至該
堡如果實有險要處所會同總理紳士及公舉
首事量明丈尺估値開報領銀修築歲底造册
繳縣報銷以歸核實

一擬借　帑生息以垂永久也

查圍內衝險卑薄處不一而足歲修工費需銀
四五千不等今蒙

大憲奏懇

聖恩賞借帑本銀八萬兩交南順兩邑當商每月一分
生息遞年對週當商將息交出以五千兩歸還

帑本以四千六百兩給與修隄遞年將此項銀兩擇險要處所修築土隄添落石塊務令堅固并可隨時酌建石隄以資捍禦倘年深日久或有沖卸漫口立時搶築責成該管業戶自行捐修倘該管業戶如果力薄難支通圍酌量帮助俟隆冬築復大隄則通圍協力仍由各堡科派應用即有不敷酌支息銀帮補方可垂之永遠

一擬聯請　帑息務求實效也

查遞年息銀有四千多金非得公正殷實之人恐有浮開濫費情弊今議合十四堡公舉端方殷實者四人爲之總理於每年年底冬晴水涸

之時聯呈赴縣請領領銀到日眼同各堡紳士將圍基頂險次險先後緩急分段勘估倘需費過多息銀不敷應總計需銀若干以息折派如有不應修而故爲爭執應修者許總理首事公同禀究

一擬公舉首事以專責成也

查遞年二月十三日爲　河神誕期先於初十日各堡即將公正首事推出辦理收租賀誕等事俟十月請領帑息亦責成該首事赴領所有是年修費等項銀兩必須列欵標貼廟前俾衆共悉其首事遞歲奔走辛勤議以歲底酌送袍

金以酬厥勞并議三年一換以昭公慎

一擬西潦漲發須爲稽察也

查遞年五六月潦水奔騰若不稽查恐致悞事須責成該管業戶及基總時刻察看遇有危急立時搶修并即傳鑼通知各堡帮救毋得貽悞

一擬嚴禁害隄毋稍狥隱也

昔人築圍以捍西江圍邊必多餘地今已日就削薄而隄畔又開池種藕或蓄養魚苗藕根最能壞磡衆莫不知養魚苗者內水已淺不能敵隄外盛漲之汪洋最爲隄害更有隄上大樹從而伐其根一腐不數年而隄即冲決又有貧

民相率盜葬習以爲常爲害尤劇蟻漏尚能决隄况此等易朽之木乎古塚難以悉遷亦宜查明該處基身有無妨碍設法於隄内培厚鑲築堅固自查禁後如有新葬者罪之卽勒令遷去塡築堅固以上數欵刻石嚴禁并每歲出示曉諭責令基總地保查報毋得徇隱則積害可除全隄永固矣

一擬修隄支息聽民交付以歸簡易也

當商所領帑本八萬兩每年對週交息以五千兩還帑四千六百兩修隄其應還帑者擬由當商隨當餉上庫其留爲修隄者擬由當商公推

在省貲本殷實之商數家分貯該圍亦推公正
殷實數人預禀
本縣給發諭帖印簿屆期携諭帖印簿赴省當
收取庶事歸簡易免致上庫時須換紋銀及至
領出支發工費又須換回洋錢多費轉折也至
十六年後每年息銀四千六百兩仍給修隄亦
照此行修防永賴

築復三丁基及通修全圍收支總畧

先登堡

照甲寅年五成起科應銀一千四百一十兩

原估患基土工銀二百二十兩零四錢五分

續補土工銀六十兩

除估并實收外未繳銀三百七十二兩七錢零

七厘

海舟堡

照甲寅年五成起科應銀一千三百八十兩

原估患基土工銀三百五十八兩

續補土工銀七百七十三兩一錢八分一厘

續培石塊銀一百一十九兩八錢一分八厘

除估修并實收外未繳銀四十四兩九錢二分八厘

鎮涌堡

照甲寅年五成起科應銀一千二百八十四兩

原估患基土工銀一百三十兩零九錢五分

原估修實二六工銀二百七十兩

起科銀數完繳

河清堡

照甲寅年五成起科應銀一千一百六十四兩

原估患基土工銀五百零六兩八錢八分

並估修內外實工銀一百五十兩

續補外基土工并貢元巷前等共銀一百兩

起科銀數完繳

九江堡

照甲寅年五成起科應銀三千三百兩

原估內外患基土工銀一千六百六十兩零八

錢二分

續培石塊銀七百七十七兩六錢六分三厘

起科銀數完繳

沙頭堡

照甲寅年五成起科應銀三千九百一十二兩

原估患基土工銀一千二百六十七兩
續培石塊銀四百一十二兩七錢
起科銀數完繳
大桐堡
照甲寅年五成起科應銀一千二百兩
起科銀數完繳
金甌堡
照甲寅年五成起科應銀一千三百九十九兩
零一分
起科銀數完繳
簡村堡

照甲寅年五成起科應銀二千一百七十兩零九分五厘

原估患基土工銀一十七兩三錢四分

並估修竇一穴工銀六百兩

除估修并實收外未繳銀六十八兩零六分

百滘堡

照甲寅年五成起科應銀九百七十八兩

原估患基土工銀一兩六錢

並估修竇一穴工銀六百兩

除估修并實收外未繳銀一百九十四兩五錢一分

雲津堡

照甲寅年五成起科應銀八百四十七兩二錢

原估患基土工銀五十七兩二錢七分

續補土工銀三十七兩四錢

除估修并實收外未繳銀三百二十六兩零二分

龍山堡

照甲寅年五成起科應銀四千一百二十五兩

起科銀數完繳

龍江堡

照甲寅年五成起科應銀三千三百兩

原佑患基土工銀一百三十兩零九錢七分
除佑修并實收外未繳銀一千一百一十九兩
零三分
甘竹堡
照甲寅年五成起科應銀七百八十六兩零三
分二厘
除實收外未繳銀四百九十兩零一分一厘
築復三丫基
土工牛工杉樁共支銀八千四百八十三兩一
錢五分四厘
九龍石肇慶石共支銀四千八百四十五兩五

錢四分九厘

夫厰牛厰雜厰等共支銀三百零四兩八錢一

分

培築吉贊橫基

土工牛工杉樁夫厰共支銀七百七十一兩六

錢零三厘

兩年雇倩跑差人役水火夫及司事工費船費

共銀二百六十七兩一錢二分

兩年局內在事人員衙門一切差役因公往來

共飯食銀八百四十一兩零三分六厘

兩年應酬官項雜項各費共銀六百五十五兩

八錢四分五厘
修葺　神廟工料不敷支去銀一百三十兩
酬　神上匾及建置長生位請　官及各堡敘
福支銀八十二兩四錢二分
監碑砌石共支銀四十九兩五錢一分
通共實收到銀二萬四千六百四十兩零九
錢二分六厘
通共估修并實支去銀二萬四千六百八十
三兩零八分九厘內溢

具呈桑園圍首事羅思瑾岑誠何毓齡潘澄江梁健
翎紳士陳書關士昂明秉璋鄭允升關家麟黃
龍文關鳳鳴朱瑛陳履恒曾次顏胡調德吳大
安潘士琳何翀霄郭汝良傅其琛李雄光區先
登黃駿陳應秋余鴻李萬元崔士賢順德縣紳
士鄧林温鳳詔周維祺黃聯魁鄧聰元温若瑊
爲基工全竣聯謝　鴻恩事竊聞功成禹甸頌明
德於千秋績著蘇隄紀芳踪於奕世誠以事必究
其所自恩當審其所歸瑾等族處海濱圍逼順邑
戶樂東南之畝流兼西北之衝隄障桑園延亘十
千零丈人依梓里生聚百萬餘家去歲水潦無異

懷襄三丫基隄忽遭冲決顛連莫定荷

列憲亟沛鴻慈　賑借兼施俾編民獲資燕息固已

杖鳩父老吟遍康衢竹馬兒童懽騰陌巷然而月

基權設小築雖獲秋成虹隄未修億兆正憂夏潦

瑾等仰承

恩照猛思加築之謀不揣愚蒙謬膺董理之責喜

訓諭之多方幸稟承之有自勸輸集腋共期挹注以

兼收鳩工庀材勉効芻蕘之一試度其緩急先致

力於海舟三丫相厥機宜隨施工於橫基各險培

埧磊石甎練則絡繹牛蹄繼長增高捍衛則排釘

木柱惟期鞏實罔敢稽延經始於去歲冬初告成

於今年春仲此亦足以見灑沉之有備而信胥溺
之無憂矣復蒙
念切恤民
心殷拯溺命踵事於功成之後高而彌堅　籌撥帑
爲歲葺之需久而不懈邇者洪濤驟漲五六月事
頗倉皇卒之巨浸無驚百餘鄉人安樂利計通圍
之修費也共二萬四千金而瑾等之撤局也在七
月初二日覩大隄之山立懷土之風光緑樹連材
邑井之桑麻繡錯青陽匝地閭閻之廬舍綺紛皆
藉
化雨涵濡

福星感召一壺氷潔澄萬派於中流兩袖風清障百川而東注從此人歌安宅年慶屢豐變滄海爲良田共拜

仁慈之賜起哀鴻於中澤永懷

父母之思唯有啣環結草報高厚於三生加之獻曝傾葵頌公侯於萬禩

撫憲批據呈三丫基及吉贊横基等處隄工次第修
築一律培補齊全該紳等踴躍辦公殊堪嘉尚嗣
後遇有低薄浮鬆處所仍務隨時集夫修築俾得
永慶安瀾是所厚望
藩憲批據呈已悉仰南海縣履勘明確繪圖造册通
繳查核
縣主批據禀已悉該首事等先後兩年始終其事不
辭勞瘁不避嫌怨得以大功告竣永慶安瀾欣慰
之餘深堪嘉尚候據情通報至摺開已捐未收銀
二千六百餘兩仍卽全數收清存貯生息以爲公
共之需摺存

桑園圍己卯歲修志目錄

歲修紀事

爲丁丑年築復三丫基之役經奉
憲諭照甲寅年通修事例五成起科先築三丫決
口以次派修通圍並詳新誌維時
制撫兩憲洞悉情形念此後歲修民力實不足恃卽
據闔圍紳耆所請奏蒙
恩准賞借帑銀八萬兩交南順兩邑當商生息遞年得
息銀九千六百兩以五千兩還回帑本以四千六
百兩給與桑園圍紳士領築嘉慶二十三年正月
二十五日奉到
上諭之後

各憲飭令妥議善後事宜至四月初一日發銀派
當生息溫少司馬質坡先生以何某潘某樸誠可
任屢書致囑某等才力不及堅意推辭門縣主未
遽允准旋蒙圍內諸鄉先生復禀推接理何某報
詳起復候委潘某呈請會試蒙 批歲修事宜現
奉
撫憲面諭催辦前據舉人明秉璋等以訓導何毓
齡舉人潘澄江熟悉基工舉爲首事衆心敬服業
經諭飭接辦在案今復借詞推諉竟將保護地方
之要務視爲無關吃緊轉瞬春潦漲發隄圍未修
董理乏人本縣實爲各堡生民焦灼現在潘某志

切覲光未便阻滯何某亦報病痊起復候委該紳等既爲明秉璋與順邑溫少司馬及各鄉紳耆所推重應卽回鄉畢集諸紳士公議何人實堪充此首事務於十日內選舉定妥聯名呈覆事不容緩其各勉之等因奉此當卽十二月二十五日邀集各堡紳士會議均以何某潘某應命二十六日又承　仲縣主飭號房持帖回鄉相邀二十九日晉省入謁所有敷陳俱蒙　恩准作主某等始不復辭合將札諭稟報各要件依月日紀畧於後

寄制府蔣公書近年與兩院修堤書凡十數函今擇其尤要者存之

秋初差弁回省會肅函佈謝轉瞬又屆初冬懷思時切

玆聞閣下渥邀

宸眷移節蜀中　九重之毗倚方隆　三錫之恩榮疊

沛玉壘羣欣於望歲珠江彌切于去思弟誼託金蘭契

深膠漆顧以庭闈侍奉乏人跬步不離左右未獲摳送

行旌少抒積愫歉仄奚似惟冀雄略如神訏謨坐鎮化

巖疆爲坦易指南極以重臨此則吾粵人士所深願者

也前者屢承俯念各鄉頻遭水患勸諭丁甯令照甲寅

六萬之數五成捐簽修復此後卽爲借欵歲修玆聞各

鄉甚爲踴躍計日可收集腋之效未審借帑生息曾經

具奏否昔水經注稱鬱水又南注於海馬文淵爲石塘達於海而粵無水患至今名在炎荒與銅柱並垂不朽今西江挾滇黔桂鬱諸水建瓴而下桑園圍適當其衝且延袤九千餘丈險要處不一而足此十年内增高培厚未暇籌及石工十年後土堤既固歲有贏餘似宜漸建石堤以資捍禦則水患永除文淵不得專美于前矣至於堤上伐樹堤脚開池種藕養魚皆大爲堤害仍冀頒行時與中丞裁定有利必興有弊必革將頌修和而歌樂只者歷百年如一日何快如之書不盡言伏惟鑒察　温質坡先生　攜雪齋文鈔

寄阮制軍書

一別三秋倍深懷想猶憶西江雪泊辱承旌麾過訪又蒙惠貺稠疊拜嘉飽德感不可言茲聞閣下政成南紀移節海疆庾樓之雅興方酣服嶺之仁風更被星軺甫莅人士騰歡引領喬輝曷勝忻頌弟南歸後嵩南方氣候常和侍奉庭闈甚覺安適現家慈年高跬步需人扶掖未便遠離左右倘未得一到會垣少敘悃悰所幸城鄉雖隔帶水非遙瞻企之私無時或釋耳今歲五月時南海桑園圍沖決連村淹浸儆鄉水亦深五尺餘溯自已亥至今三十餘年五遭隄決每次數十丈至百餘丈不等弟目擊顛連殫心籌畫曾商之蔣制軍承復書謂

民力果不足恃已與陳中丞酌定當爲借帑八萬發當商生息以備歲修至現在堵築各工仍照甲寅歲大修公捐六萬之數勸令各堡五成交出鄉人喜出望外陸續捐輸已於十月十三日興工矣此圍當滇黔桂鬱諸水之衝非歲歲如法增修難期鞏固且歷年既久今昔情形判然迥別向日隄外距水常十數丈今則半無沙潬壁立如削竊謂隄外之削緣爲水所割非落石與築填不能扞禦施工不易當擇其要者先之至堤內之削則附近居人侵佔開挖魚池藕池致傷堤岸在核定丈尺以時培築堅實而已視其緩急爲先後歲計有餘無難奏效但全隄延袤九千餘丈險薄處不一而足非金

高如山不足以語此此借帑生息用之不窮
皇仁浩蕩萬世永賴策之上者也尚懇留神照察庶使
澤國咸登樂土則美利同霑荷德靡涯矣 攜雪齋文鈔

縣憲條議告示

調署南海縣事東莞縣正堂加十級紀錄十次記
大功三次卓異候陞仲　爲剴切曉諭歲修隄工
事照得桑園一圍乃南順兩邑各堡民田廬墓之
保障前年夏間士名三丫基等處決口經照甲寅
年事例勸令附隄業戸減以五成派捐銀兩公舉
紳士羅思瑾何毓齡潘澄江等董理通圍一律修
竣幸慶安瀾惟是九千餘丈之長隄歲一不修郎
多坍卸滲漏當蒙
大憲思患預防軫念民力維艱奏奉
聖恩借給帑項生息以資歲修經費議於遞年十月責

成首事查明應修基段估計工料若干請領息銀督率興修造册報銷迄今歲已更新各堡選擇首事互相推諉以致逾期尚未定妥工程懸宕茲本縣訪選得候補訓導何毓齡舉人潘澄江端方富厚前年通修全圍不避嫌怨頗費辛勤且於隄工情形熟悉素為鄉鄰推重并據九江堡舉人明秉璋等聯名舉充前來除給發歲修首事戳記以為憑信囑令何毓齡潘澄江設立基局辦理并移行九江廳江浦司就近督催外所有應行緊要事宜合先列欵出示曉諭為此示諭桑園圍紳民業戶人等知悉即便遵照後開條欵聽從該首事公議

查辦逐一舉行趕緊興工倘有不遵故違條議阻
撓生事者本縣鐵面無私不論衿監軍民立拏究
治照河工條例究辦決不姑寬各宜猛省毋違特
示
計開
一此次歲修諸事辦理伊始桑園一圍地分南海
之九江江浦屬十一堡順德之龍山龍江甘竹
三堡向歸十四段業戶經理今每堡責成紳士
議定曉事者兩人帮查其事凡應興動一切應
聽基局商議如遇基局有傳帖到段飭查或該
段內有應修之工或應議事件或聯名具呈即

同會商以昭公愼如藉稱傳帖不到故爲疲玩
者實屬忘忘桑梓均干重咎其每堡所定帮查
之紳士名單由九江江浦彙交基局登簿總理
務於正月十五以前勘明基段何處應修估需
修費若干一同稟覆本縣查核

一各處險要基段隨地補築從前修圍舊志俱就
近取土由近及遠不論桑田芋地卽便改挖爲
塘塘仍可以收租無碍稅業其有墳塋不得取
挖此次培修俱照舊例倘以鄉紳勢宦恃符揹
阻致悞要工查出革究

一向來各堡竇穴各有經管爲水利灌溉者修葺

上年派捐通修三丫基等處實穴均分輕重估
修餘皆完好嗣後各鄉堡積有坦鋪渡額等租
應仍自行修理毋許混銷公項更不得先爲挖
破然後請勘倘有此等情獘許總理基局指名
禀究
一大隄之外居民另有圍築子基係開塘成基者
與大隄有别准於海旁患處動用公項落石以
捍衝激若用土工則歸塘頭業戸自辦其大隄
內外基裙查核舊志兩邊俱有餘地現被民間
佔爲私業相沿已久似難復還原址惟貼近堤
基均屬魚塘多有企壆未培爾等業戸如有佔

基爲業者限於正月內一律培築肥厚知會基局查明再以公項加高拷砌堅實以免後患

一上年通圍大修係照甲寅年舊例按稅攤以五成起科經總理首事出心出力督修完竣所有各堡應捐銀兩自應及早繳齊乃工竣已久尚有欠繳銀二千餘兩殊屬玩愒除飭差并移順德縣查喚欠繳之首事勒追外爾等務於十日內各按欠數備足繳赴基局收還歸欵倘敢藉端推擋影射瞞混或藉稱扣留各修自分畛域定卽嚴拿究比

以上各條本縣爲念切民瘼亦爾等自衛身家

起見各宜寓目遵辦毋稍玩違延悞切切

嘉慶二十三年十一月

温少司馬來書

八春四日得接　手教具悉

兩先生情般桑梓溥利無窮全圍歲修已承　季諾慰甚慰甚弟日前到省　撫憲處雖係畧陳大概然　撫憲意甚殷然弟瀕行復以前後修隄記送閱計已瞭如指掌　貴堡如有應辦事宜一經稟及自必承留神照察不比泛泛至弟之管見已詳前信祈與　貴堡諸先生公酌而行之是所禱切盖歲修原應各堡分段籌項認修茲幸蒙

大憲奏請動支帑息祗係補其不足豈得全靠公項設各堡不知此意非惟有負　大憲盛心亦覺

輕改數百年之成例甚非所望也從前初酌章程時原有遇工多銀少則各堡按成數分支之說但工程俱不可稍緩是以弟有如支帑銀不敷第壹年議由該堡借墊仍分年給還則各處可一齊興工不致顧此失彼計各堡年中俱有墟埠租息原非無力者比今乃連此些微息銀俱不肯認似非鄉鄰之美事弟豈敢聞於　大憲為此蛇足之舉耶再前聞佐貳各委員頻到公局不免多一番酬應是以署與當事言之以為每年歲修初由本邑正印官勘估工竣再行查核利害切已自無不公當餘可毋多委以省繁費并以力爭先着為言蓋

曲突徙薪之意耳全圍雖廣喫緊實不過西面一
帶就此一面中聚精會神經畫盡善餘可迎刃解
也　示及九江應築壩處甚爲要着當即與敝鄉
諸公言之一切仍祈　高明裁酌及早興工俾資
捍禦闔圍永賴專此並候　近祺不宜　尊謙敬
璧

查看基段情形禀呈 縣憲
治晚生 何毓齡潘澄江 謹禀
父師大人閣下敬禀者毓等遵諭辦理桑園圍歲
修工程於本月初五日由省回鄉隨於初九初十
等日前赴各堡查看其應歸公項修築及應業戶
自行培補者均已查明列册惟查海舟堡天后廟
基九江大洛口西方一帶外基最爲首險天后廟
下潭水過深基身壁立大洛口則被古潭沙冲射
坍卸百有餘丈海深基薄在在堪虞現計帑息銀
四千六百兩兩處基段合該落石工費銀兩實屬
不敷毓等惟有仰體 慈懷矢慎矢公按其險要

先後盡銀築修認眞妥辦以毋負

父師焦灼深心至各堡應自行培補各段并尾欠

銀兩仍懇札移九江江浦兩司嚴飭各業戶首事

人等照數賠捐俾得一體趕修以免遲悞合將查

過情形倫列清摺并辦理緣由伏惟

恩鑒

稟報興工日期

爲報明興工日期以抒　錦注事切毓等領銀後

遵於二十四日回鄉擇吉於二十九日進河神廟

開局辦事登即招集土石各工赴局酌議定於初

五日由海舟堡三丫基天后廟興工其九江大洛

口一帶分别次第辦理所有應歸公項培築及業

戶自行培補者前經列摺面呈惟現在招齊各工

動土後工繁費重現領之項實不敷支仰懇

仁臺催收當息俾資接濟并照前摺催令各堡按

照自行培築各段刻日一概興修毋得遲悞實爲

恩便理合將興工日期先行稟明餘容續報爲此

稟赴

父師大人臺前恩鑒施行

遵照條欵辦理諭

調署南海縣事東莞縣正堂加十級紀錄十次記大功三次卓異候陞仰諭桑園圍歲修總理何毓齡潘澄江知悉案照桑園圍歲修事宜先經舉定該紳士等設局總理仍令各堡另選曉事紳士兩人分按所管基段幫同會商勘辦并將應行緊要事宜列欵出示曉諭各在案茲據該紳等勘明該圍全隄分別基段險易次第應歸公項修築及應由業戶培築列册稟覆前來經本縣覆核無異除應由業戶培補各基另行出示曉諭趕修外查該紳士等雖於隄工情形熟悉但此次歲修事宜辦

理伊始誠慮辦理無綜反多束手所有應行事宜
合論飭遵諭到該紳等卽便遵照後開條欵悉心
妥辦務宜矢公矢慎本縣實有厚望焉此諭

計開

一查桑園圍東西沿海各隄原例分段經管遞年
歲修向歸各業戶自行辦理由巡司取結備查
茲因前年三丫基被冲修復當奉
大憲體恤奏蒙
皇恩賞以帑項生息以爲歲修之資每年可得四千六
百金此稍補民力之不足助不給之意必須分
別頂險次險稟勘估計施工其餘基面低矮破

損仍應責成經管之業戶捐辦毋得全靠官項致悞要工倘有佔基爲業卽指名着令趕緊培厚毋得延緩萬一不虞復有開口應照向例或責成經管或合衆科派依甲寅年誌書分别辦理不得執部文爲詞致首事賠累

一查全圍惟海舟堡九江堡基段爲最險沙頭堡爲次險所有應修經本縣查勘明確除一面諭飭首事辦理外其餘各基皆宜自衛身家稍有修葺卽自行粘補毋得爭執應修致滋議論

一查九江堡大洛口外基項冲險要緣古潭沙頭水射以致冲塌割脚應卽用公項落石惟沿海

地段坍陷數百丈現銀實不敷支所有前修三丫基各堡尾欠銀兩務令尅日繳出以應鉅工更能於各堡捐派或向殷實挪借將來分年領息然後墊還本年歲修伊始必藉厚力辦理乃見成效倘銀兩足用更於大洛口外坦築石壩二個阻慢水勢乃可留淤以成鼈裙修防永賴其外基土工統歸外基業戶科派趕緊培築毋任觀望

一查外基所以護衛大基倘坍卸可虞則經管之責愈重現在大洛口外坦所存無幾若連築兩壩每壩約築八九丈便可保全餘坦而內圍益

更安堵然連年息項皆由九江堡開銷通圍亦
不輸服今應飭着九江堡東西南北紳士趕緊
勸助務令題助二千金庶掛借畧少易於措辦
次年別堡有險亦得彌補乃昭公當
一查向例本堡動工修基即請鄰堡督理最爲公
允乃聞近來人情散慢不肯向前急公所有傳
帖並不到公所會商甚屬不成事體現經本縣
諭飭每堡舉出曉事兩人不時到局敘議公事
公辦在總理首事亦可以表白無他即將來接
理需人各皆熟悉有條議可循不致紊亂
以上各條該紳士務即實心實力倘有各堡中不

遵議辦存私阻撓者許該總理指名稟究可也

縣奉　督憲札

調署南海縣事東莞縣正堂卓異候陞仲　諭桑
園圍歲修首事何毓齡潘澄江知悉現奉
督憲札開嘉慶二十四年二月初四日據該署縣
具禀選舉桑園圍歲修首事及支給息銀設局辦
理緣由到本部堂據此當批據禀足見急於民事
此等人必不齊事權不一總在地方官倡率體貼
嚴辦撓諉之人自可集事見功仰東布政司卽速
核明飭遵仍飭諭令首事何毓齡等先將該圍基
分別險要確估工料上緊修築頂沖處所加培碎
石務其高厚堅固勒限於西水未到以前竣事毋

稍稽延遲悞仍嚴禁各衙門書吏因造册等事查
駁需索其未繳息銀一面勒催各商照數繳足備
支並候
撫部院批示繳稟抄發等因掛發東藩司外合先
錄批飭知備札仰縣即便遵照辦理毋違等因奉
此查本案先奉
各憲檄行業經轉飭遵照在案茲奉前因合行諭
知諭到該首事等即便查照各段基工上緊修築
仍將修築情形隨時稟報統俟大工告竣該首事
始終出力本縣另當稟請
各憲優加獎勵也務期盡心妥辦毋違特諭

縣奉　藩憲札

縣憲諭爲札遵事現奉　藩憲札奉
撫憲批據該縣具禀查勘桑園圍歲修圍隄應需石料紳士議捐助修緣由云云現收息銀四千六百兩尚不敷用自應照紳士陳書等所議在於該縣屬之九江及順德縣屬之龍山龍江各墟市紳士勸諭勉力簽題以足工用惟九江墟雖有成議尚無定數龍江龍山兩墟雖云可捐尤無成議仰布政司速即分飭該縣及順德縣即日勸諭九江龍江龍山各墟紳士及有力之家勉力題簽想該紳士等顧恤桑梓諒無不惜殷捐助也仍俟兩縣

紳士簽題事竣將簽題銀兩數目並能否足用情形據實具報並飭南海縣不時會同主簿及江浦司巡檢親往督同總理紳士人等將該圍隄基應行培築處所督率人夫晝夜趕修務期工堅料實永保無虞是爲至要仍候

督部堂批示繳稟抄發等因奉此并據該縣繪圖具稟到司除札順德縣遵照外合就札飭備札到縣卽便遵照　院憲批行事理速卽勸諭九江紳士業戶人等及有力之家勉力題捐并卽催令當商刻日完繳息銀批解以應要工該縣仍卽不時會同主簿及江浦司巡檢親往督同總理紳士人

等將該圍隄基應行培築處所趕修完固務期工
堅料寔永保無虞仍候紳士發題事竣將銀兩數
目并能否足用情形通禀察核以憑分別詳請咨
部報銷至所稱需用石塊甚多應由新安九龍山
採取運用等語查該山孤懸海外歷奉封禁遇有
要工應需石塊均係呈請給照方准採取運用此
次修築圍基既據查明應由九龍山採石應用應
即飭令紳士等呈請給照限日採運以免奸徒藉
名偷挖滋生事端均毋有違速速等因到縣奉此
除諭飭總理首事何毓齡潘澄江務須督率人夫
晝夜趕修堅固并應用石料禀請轉詳給照採運

外所有九江西方外基一帶紳士捐簽銀兩數目除移九江廳查照奉批情節務令紳士殷民踴躍捐簽成數而捐過銀兩數目是否足數請即列册移覆以憑查核轉報云云

稟報基工情形

爲報明基工情形仰祈垂鑒事竊毓等遵奉辦理歲修桑園圍工程經將開局興工并先築石壩各緣由稟明在案其興仁里及威靈廟兩壩業經築有八分外旁基脚坍卸處所亦已用石鋪砌卽今將先鋒廟前華光廟前兩壩并上下附海基段亦次第興築惟石船近來到局甚少深爲焦急查係趕載石板往別埠售賣亦因節屬清明及天后神誕以致遲延現着承辦之人趕赴山塲催廹日內想應陸續赴局毓等旣承委任斷不敢稍存怠忽以仰體慈懷刻下九江外基土工呂父臺日

夕差催　毓　等亦親爲勸督業已將次告竣惟此番
工程約計需銀若干　毓　等察看九江大洛口西方
一帶并三丫基上下頂冲處所水深陡險需費寔
難會計今就其暫行堵禦以避冲激非萬金不能
爲功　父師大人日夕焦勞禀請札飭龍江龍山
及圍內士民捐助但恐人心遲緩未能速捐成數
以濟要工　毓　等惟有將所領息銀并現存銀兩上
緊趕築餘俟收到捐項再行培填理合將辦理情
形粘列收支清摺禀覆聽候　察核爲此禀赴
父師大人臺前垂鑒施行

禀覆採石章程

敬禀者日前接奉　鈞諭内開基圍工程需石甚多新安九龍山石歷奉嚴禁遇有要工均係呈請給照方准採用此次修築圍基應即禀請給照採運以免奸徒藉名偷挖着毓等查明禀覆以便詳請給牌等因奉此竊桑園圍基長有一萬餘丈頂冲險要則莫如三丫基及九江大洛口一帶外基應築議採石培築誠萬世永賴之休圍民莫不踴躍歡呼歌功戴德查該山孤懸海外毓等未經其地辦理章程素非諳練必須招取石匠攬頭方能承辦但攬頭石匠狡詐多端只徒飽己肥囊不顧

基工要務往往假公濟私將石運赴別埠售賣到局者百無二三鞭長莫及無奈伊何若非妥定章程則奸徒得以射利於基工究屬無益各處石匠現聞有開山之說紛紛到局愿於一年之內交銀七千兩總局代爲給價者有愿運石三千三百四十萬無庸給價者毓等再四思維收銀代給輾轉徒勞不若得石爲先方歸實效茲謬擬章程四欵以防弊端圍基總要得石以應鉅工亦須將每月得石數目列册呈報其餘石板任聽承辦運售別埠在總局既無染指之虞在承辦亦得石板價銀以資彌補兩得其平似無情弊如此則奸徒無從

射利𬞟等免受不白之名庶基圍得以鞏固實惠
永頌無窮合將辦理緣由粘連議欵冒昧禀明可
否據情詳明
大憲批示飭遵𬞟等不勝雀躍屏營之至謹禀恭
請　崇安
計粘謬擬章程呈
核
計開
一議禁止阻運也
查九龍山石久奉嚴禁今奉　大憲恩准務懇
詳請行知文武各衙門沿途出示張掛如有照

票不許兵吏書役巡船人等索詐遇便放行以
免遲悞
一議功歸實效也
採石築基首事領牌後自必招取石匠承辦妥
立合同但石匠奸詐異常多有藉端滋事查該
山石船共有二百餘號玆議以每月撥船若干
號運赴培基每船約載石若干每月計得石若
干週年核算共計得石若干照局價算應給銀
若干今槪毋庸給聽承辦石匠將鑿出板石運
赴別埠售賣彌補工脩火足水脚銀兩仍須先
交按櫃銀一千兩另要殷實舖店担保始准承

辦方見實效
一議事昭平允也
承接石匠基圍石塊運脚各費係承接自辦固
毋庸局中支發若不籌度彌補實難辦理今議
長板石塊聽其別運售賣自可兩相有益然基
務總以按月約得石三百萬到局只許有多無
少倘有按月運石不足數聽從首事稟明將牌
撤回另招接辦并將按櫃銀兩報官充公担保
之人送官究治如按月照合約交足石數俟運
竣稟明停採後將按櫃之銀交回承辦石匠以
昭平允

一議責有專成也

石匠辦接挽運之後毋得以銀兩不敷揑詞推諉希圖餙卸至沿途倘有留難阻滯該石匠即指名報局俾得禀請釋放該石匠亦無得藉端滋事

已上四欵不過芻蕘鄙見如此辦理似屬至公無私蓋石船按月運交按月照石數開報毋庸支給銀兩局中人等無所施其奸詐即承辦之家所取石板亦足以資彌補兩得其平惟憎惡不同流言妄出毓等一秉至公始終如一倘有異端物議悉聽稽查一有從中

作弊甘受其咎如屬虛揑亦求請究辦是否有
當聽候　飭遵

縣奉　督憲諭

調署南海縣正堂卓異候陞仲　爲飭遵事現奉

藩憲札開奉　太子少保兩廣總督部堂阮

憲札嘉慶二十四年二月十六日據署南海縣仲

振履稟稱竊照卑職縣九江桑園圍基上接三水

旁通高要當北江西江之衝基内十四堡咸受其

害去歲仰蒙　奉撥藩庫帑銀八萬兩存南順兩

縣當典按月一分行息計得息銀九千六百兩以

五千兩還庫分作十六年淸完餘四千六百兩以

作修基之費憲慮精詳至周且備實通圍紳士托

命之源也茲經酌定候補訓導何毓齡舉人潘澄

江總理基務刻日興工卑職當於本月初八日由
省起程初十日抵九江堡約會署主簿呂衡璣督
同何毓齡潘澄江及各堡紳耆人等詳加查勘勘
得基圍一道自先登堡起至甘竹灘止約計四十
餘里內除河清外基漫生沙坦水不能溢及先登
甘竹上下皆山無患崩缺外圍之緊要者約二十
里其海舟堡之天后廟經二十二年大水沖坍基
後小溝刷深三丈滙而成潴議基身必加寬五尺
外用巨石培壘以護基脚而基上土力較鬆仍需
加土堅築以備不虞此一要也已於本月初五日
興工南下三四里爲三丫基外圍於二十二年沖

決六十二丈涸爲深潭缺口兩頭舊壘石雖內基
堅固足資捍衛仍恐壩頭一坍水勢下注防堵維
艱議再加添巨石以捍急流亦於本月初五日興
工此二要也再南一二里爲禾义基當日築基之
人拙於相度橫置一角於水次往來冲激已不可
支而基又甚薄並無樹木池沼兩相撐柱議外用
石壘內築堅土內外加濶以防冲突此三要也而
尤要者則莫如九江之大洛口卽所謂西方外基
也蓋西北兩江之水滙於思賢滘合流而注於先
登堡使江面廣濶無所窒礙也則奔騰而下瀉數
百里直由新會崖門入海原無所害顧近年以來

江中陡生沙坦三區相次而南皆近西岸西江之水至沙而阻激汜濫批江阻汜濫之水搏而橫流歷天后三丫禾叉三基怒奔而至河清堡又爲沙坦所阻至大洛口兩沙相阻以夾流之形成在山之害勢則然也然幸下此卽爲甘竹山而江又廣濶可無阻矣議韋基用四石壩以轉水而基外水深二丈許工料所不能施卑職檮昧之見與首事等酌買麻陽舊船四隻滿貯巨石可高丈餘駛至基邊約離四五丈相度阨要處所鑿而沉之再用竹簍裝載碎石繞船圍護上添巨石疊高迤邐而南與甘竹相接庶十四堡可免巨浸之患而下年

修補亦可由舊蹟而愈培愈固矣惟是亘延二十里之基兼大洛口之四壩用石甚多查巨石取自新安九龍山由海艘裝運每艘十餘萬斤連運脚計銀二十一兩有零小石取自肇慶羚羊諸山連船價約銀十一兩加以挑土築土堆石監修人工飯食之費息銀四千六百兩斷不敷用卑職復與呂主簿及九江紳士陳書明秉璋等議加捐助九江墟各姓已約捐銀一千兩其龍山兩墟據云亦可捐銀一千兩望即飭順德縣王署令督同該處紳士上緊題捐倘有不敷容再會同籌議務使料實工堅所有查勘該圍實在情形理合先行馳禀

申聞餘容面稟一切不敢贅陳等由附呈基圍圖一紙到本部堂據此查桑園圍堆石禦衝最爲善策修基息銀既不敷用自應令圍內士民捐助以濟要工據稟前由除圖存案并批回南海縣將應修各基督飭首事刻日趕緊修築完固具報無稍遲悞及札順德縣遵照飭令龍山龍江兩墟紳士將工費銀兩趕緊踴躍捐輸務足每墟一千之數寔多無少並諭以此係未雨綢繆較之洪水破隄仍須捐銀補築大爲便益斷不可觀望自悞如捐足後仍不敷用再由該縣會同仲令另行籌辦外合并札遵札司卽便一體轉行遵照毋違等因奉

此查本案先奉　撫憲批行業經轉飭遵照茲奉
行前因除札順德縣遵照外合就札飭札到該縣
即便遵照先奉　院憲批行情節辦理速即勸諭
九江墟紳士業戶人家及有力之家勉力題捐并
即催令當商刻日完繳息銀批解以應要工該縣
仍不時會同主簿及江浦司巡檢督同總理紳士
人等將該圍隄基應行培築處所趕修完固務期
工堅料實永保無虞仍俟紳士簽題事竣將銀兩
數目並能否足用情形通稟察核以憑分別詳請
咨
部報銷均毋有違等因奉此查本案先奉

督
撫二院憲批行當經先後諭飭遵照去後茲奉前
因除備移順德縣轉飭遵照外合諭飭遵諭到該
首事等立即查照奉行情節上緊趕修完固并將
辦理情形隨時稟覆核辦均毋遲違速速須諭

縣憲查勘險要基段

計開

吉贊橫基長三百一十八丈爲上流頂冲最險

先登堡圳口石隄下至岡屋脚長一百二十五弓

基坦至基面高六尺係頂冲次險

先登堡稔橫兩鄉基自界樹起至南邊岡脚止長

一百零一弓基坦至基頂高六尺係頂冲次險

海舟堡由天妃廟十二戶界起至三丫基北頭計

長二百一十一弓基坦至基面高六尺頂冲最

險

海舟堡三丫新月基長一百八十二丈頂冲最險

海舟堡由三丫基南頭起至墟口大樹止長二百五十弓基坦至基面高七尺頂沖最險

海舟堡下墟口大樹起至墟尾門樓止長一百弓兩旁舖舍外面無坦海旁離墈五尺水深七八尺不等應屬最險只可在海旁壘石其墟心基甚屬低薄應着墟保業戶培築高厚

海舟堡由蕩平門樓至禾义基鎮涌界計長二百三十弓基坦至基面高七尺係頂沖最險貼基水深一丈或八尺

鎮涌堡禾义基下至南村基窄坦處長七十二弓基坦至基面高八尺頂沖最險

河清堡荒基秋楓樹至九江界係甲辰舊決口長
　四十四弓基坦至基面高一丈頂冲次險
九江堡滘心社上基甲辰舊決口長五十四弓基
　面坦至基面高八尺頂冲次險
仝日清丈後與　九江呂公　江浦汪公隨奉
仲太老爺安議合計全圍患基連大洛口外隄共
長一千七百零二丈每石長一丈高一丈下用木
樁十根每根長七尺上徑五寸下徑三寸每石一
塊長二尺五寸厚一尺濶一尺每丈計用石四十
塊每杖打樁挑土培築各夫約用五名每名日給
工價銀一錢再計每石一丈約銀一兩高一丈共

銀十兩木樁十根共銀七錢人夫五名共銀五錢外加器具油灰㕑工飯食各項篷廠碎用使費大約每丈需銀一十六兩當即繪圖貼說開具清摺十五晚回省議詳請入奏云云

禀繳月册禀

敬禀者毓等遵奉辦理歲修基務於正月二十九
日設局辦事經將二三兩月收支銀兩數目列摺
禀報在案隨於四月初五日領到帑息銀一千四
百七十六兩并收到九江題助石工銀及各堡尾
欠銀兩陸續在九江築壩培石工程似可無虞而
三丫基上下險要各段仍須添補培石是以於又
四月二十二日由九江撤局復回河神廟辦理深
慮五六月潦水漲發急望各堡尾欠繳清方能接
濟并查帑息遞年應給歲修四千六百兩除蒙前
後給發銀四千三百二十兩外尚應給銀二百八

十兩但此項銀兩未曉仍由 憲臺給發抑由別
處領取懇爲批示飭遵以便赴省稟請領收以清
年欵以應要工茲將現辦情形并粘連四月閏四
月兩月收支銀兩數目另列清摺開報聽候
察核仰惟 恩鑒
計粘四月閏四月兩月收支銀兩數目另列清
摺一扣呈 電
再稟者日昨蒙
老父師襜帷暫駐軫念民依委 呂父臺與晚等
將西海圍基擇其險要無坦處所丈量深淺濶窄
議建石隄此誠格外施恩有加無已凡有血氣必

知莫不感戴　二天載忻載頌惟查桑園一圍地
當西北兩江頂冲今雖築立四壩基旁壘砌蠻石
然根基單薄誠恐石隄堅厚上重下輕重載無力
一有拆裂即行傾卸毓等再四思維築建石堤必
先多設石壩以殺水勢再於海旁多壘蠻石培厚
根底以妨割脚方能任重然後上加石隄自可鞏
固無虞現在沙頭雲津各堡聞築石隄之議紛紛
到局求請代爲禀請　一視同仁同時建築似此工
程浩大費用實難會計　老父師深謀遠慮動出
萬全惟有仰懇設法以求盡美茲再有懇者遞年
帑息銀兩經

列憲奏准給發四千六百兩為歲修之用

皇上軫恤窮黎恩膏廣厚　列憲懷慈保赤既渥且優

茲議築立石隄仍懇遞年將應給帑息銀兩照數

給修以廣

皇仁俾一萬餘丈之基土石各工按年加高培厚倘有

疎虞亦得搶救有資有備無患將見全隄永固共

慶安瀾

皇恩與石隄之功並垂蔭於生生世世毓等愚昧之見

非敢妄有所希冀總祈精益求精固益求固用敢

冐昧上陳仰惟　原宥是否有當聽候

卓裁　何毓齡等再禀

稟請轉詳工竣報銷

具稟歲修桑園圍首事何毓齡潘澄江

爲歲修工竣稟請據册轉報事竊毓等奉委辦理

歲修工程蒙撥帑息銀四千六百兩遵於正月二

十九日設局河神廟辦事酌定章程招集土石各

工於二月初五日先由海舟堡三丫基天后廟興

工其餘各堡基段分別次第辦理惟查九江築立

石壩最爲緊要隨於二十一日遷往九江關氏祠

二十四日開工築建并將海旁培放蠻石趕緊補

培均經稟明在案後於又四月二十二日返河神

廟添培三丫基及修築吉贊橫基各段緣工程浩

大帑息銀兩實不敷支幸蒙勸令九江墟塲業戶
捐助催追上年各堡起科尾欠銀兩陸續支發計
自二月起至八月底連帑息共收銀六千八百一
十五兩一錢四分八厘共支去銀六千八百一十
一兩六錢零二厘除支外尚存銀三兩五錢四分
六厘茲當工程告竣理合備造收支總册禀呈伏
懇據册詳銷實爲
恩便再委辦盧伍義紳捐助築建石隄銀一十萬
兩工程業於九月初一日接辦矣合并禀明爲此
禀赴
父師大人臺前　恩鑒施行

計繳歲修基圍收支銀兩工程總册一本呈

核

桑園圍歲修志　卷之四

二十五年四月稟覆　吉縣憲歲修報銷緣由

為遵諭稟覆事本月初二日接奉

鈞諭內開　諭桑園圍首事何毓齡潘澄江知悉

案奉

藩憲札飭以桑園圍基經有紳員伍元蘭等捐輸銀十萬兩改築石隄其奉發八萬兩息銀毋庸動支仰將由縣支過之歲修銀四千六百兩并未完繳息銀一并解繳司庫立等列册詳咨等因奉此當查支過前項歲修銀兩係由前縣動支之項隨經脩移前縣去後茲准移覆查此項支過息銀四千六百兩係在未辦捐築石隄以前照依歲修年

額給發首事　何毓齡潘澄江　領回歲修取有領狀附卷業據該首事等辦理完竣等由過縣准此查此項息銀既經前縣照依歲修年　額發給該首事等領回承修該首事等如果承修完竣自應列冊報銷今前縣移稱業據該首事等辦理完竣因何修竣之後並不報銷合諭查覆諭到該首事等卽便遵照立將修竣之後並不報銷緣由及所修何處曾否勘驗刻日稟覆　本縣以憑核辦毋得遲違速速等因奉此查毓等於上年正月內遵委辦理桑園圍歲修工程蒙發帑息銀四千六百兩正月二十九日設局在河神廟辦事三月初五日先

由海舟堡天后廟興築土工分别次第辦理惟九
江興仁里口威靈廟圓所廟沙溪社四處築建石
壩各一道工最吃緊隨於二十一日遷往九江公
所二十四日開手築建并將大洛口橫基至圓所
廟一帶擇其應培者分段鋪放蠻石後於又四月
二十二日返河神廟添築三丫基各段土工石塊
并修築吉贊橫基土石各工均經禀明在案緣帑
息銀兩實不敷支掌 前臺仲勸令九江墟業戶
捐助并追上年起科築復海舟堡三丫基尾欠銀
兩連帑銀四千六百兩共收得銀六千八百一十
五兩一錢四分八厘計自二月起至八月工竣止

共支去銀六千八百一十一兩六錢零續於上年
九月十二日備造清册稟請轉報詳銷旋即接辦
義紳捐助大工以致未奉 勘驗兹奉前因理合抄
原稟底册蓋用戳記粘連呈 核伏懇將毓等修
竣之後業經報銷各由據情詳銷實爲恩便爲此
稟赴
大老爺臺前轉報施行
計粘九月報銷原册壹本原稟一紙呈 電

遵諭分造總册詳銷

歲修桑園圍基帑息銀兩收支數目報銷册

舊管

無

新收

領二十四年正月二十一日領到

帑息銀壹千七百八十二兩

二月初五日領到

帑息銀壹千零六十二兩

四月初五日領到

帑息銀壹千四百七十六兩

六月十六日領到

帑息銀貳百八十兩

合共計領到帑息銀四千六百兩

開除

海舟堡

一鎮涌界至瘋子寮基六十三丈用土工七百

八十五工

每工銀九分共計支去銀柒拾兩零六錢五

分

每工担泥四十担共計積泥乘得二百一十

八井零五寸五分

一三丫基南北兩頭計長五十丈用土工一千
一百五十工
每工銀九分共計支去銀一百零三兩五錢
每工挑泥四十担共該積泥得三百一十九
井四尺四寸四分
一天妃廟旁基長一百二十一丈四尺一寸用
土工二千三百五十五工
每工銀九分共該支去銀二百一十一兩九
錢五分五厘
每工挑泥四十担共計積泥乘得六百五十
四井一尺六寸六分

己上三段共跴練牛工五十隻毎隻工銀壹錢
八分共支去銀九兩

一自禾义基至瘋子寮上至天妃廟海旁
共堆九龍鑾石計重二百二十八萬六千一
百四十斤
每萬斤連運脚價銀二兩一錢五分共計支
去銀四百九十一兩五錢二分

九江堡

一新築興仁里壩一道
共堆壘九龍鑾石三百三十一萬七千零二
十三斤

每萬斤連運脚價銀貳兩一錢五分共計支
去銀七百一十三兩一錢六分
一新築威靈廟壩一道
共堆九龍蠻石三百二十六萬七千二百五
十五斤
每萬斤連運脚價銀二兩一錢五分共計支
去銀七百零二兩四錢六分
一新築沙溪社壩一道
共計九龍蠻石三百二十九萬三千五百三
十四斤
每萬斤連運脚價銀二兩一錢五分共計支

去銀七百零八兩一錢一分

一新築圓所廟壩一道

共堆九龍蠻石三百三十萬零一百八十六斤

毎萬斤連運脚價銀二兩一錢五分共計支

去銀七百零九兩五錢四分

吉贊横基長三百一十八丈

基脚塘車水工銀五兩七錢二分

一支糖膠銀六錢二分

一用石灰三千三百斤毎百斤價銀一錢三分

一厘算共支銀四兩三錢二分

一支削椿工銀七錢二分
一支砌石二百零二工計工匠銀二十四兩二錢四分
一支擡椿夫脚銀二兩五錢五分五厘
一支擡石四百四十六丈一尺四寸每丈工銀六分九厘共支夫脚銀叁拾兩零六錢零三厘
一支運椿船脚銀八兩四錢一分七厘
一支松椿七千零二十六條每條價銀一分四厘算計銀九十八兩三錢五分五厘打椿工銀一十四兩八錢二分

一砌基腳深塘處所兩邊合計長一百四十八丈七尺共用地牛砧石一千零五十四件每件連運腳價銀五分二厘七毫計支去銀五十五兩七錢三分（內船戶福銀一錢八分五厘）共用八寸方砧石四百四十六丈一尺四寸每丈價銀七錢二分八厘計支去銀三百二十五兩二錢八分三厘（內船戶福銀五錢）

一培築全基泥工共用一千二百零八工每工銀九分共支土工銀一百零八兩七錢二分每工挑泥四十担共積得泥三百三十五井五尺五寸五分

沙頭堡

一自韋馱廟至横塘基長四十四丈又眞君廟前一十五丈

共堆纍石九十三萬零三百三十二斤

每萬斤連運脚價銀二兩一錢五分計支銀二百兩

以上通共總計支去工料銀四千六百兩

歲修桑園圍基題助銀兩及各堡尾欠收支數目

報銷册

計開

舊管無

新收

二十四年二月十三日

一收九江堡題助銀五百三十一兩八錢八分一

厘

三月初五日

一收九江堡題助銀二百一十七兩二錢五分四

厘

三月十六日

一收簡村堡尾欠銀六十八兩

一收海舟堡尾欠銀四十四兩五錢七分三厘

一收先登堡尾欠銀壹百兩

四月十二日

一收九江堡題助銀一百九十兩零七錢四分一厘

閏四月初四日

一收九江堡題助銀六十兩零七錢九分九厘

十六日

一收甘竹堡尾欠銀一百四十兩

十八日
一收龍江堡尾欠銀八百兩
二十六日
一收雲津堡尾欠銀五十一兩九錢
五月初六日
一收雲津堡尾欠銀一十兩
合共計收銀貳千二百一十五兩一錢四分八
厘
開除
九江堡
一自石角橫閘基下至圓所廟基長五百零五

丈

堆壘九龍巒石六百一十五萬四千四百四十六斤

每萬斤價銀二兩一錢五分共支銀一千三百二十三兩二錢零六厘

堆壘紅石三十四萬三千二百五十斤

每萬斤價銀二兩共支銀六十八兩六錢五分

堆壘肇慶巒石八十六萬五千三百八十八斤

每萬斤價銀一兩八錢共支銀一百五十五

兩七錢七分

共計支蠻石價銀一千五百四十七兩六錢二分六厘

一支自二月起至八月止火足銀二百七十三兩陸錢

一支司友夫役工脩銀一百二十九兩壹錢二分

一支雜項銀二百六十一兩二錢五分六厘

合共計支去銀二千二百一十一兩六錢零二厘

實在

除支存銀叁兩五錢四分陸厘 貯河神廟箱

桑園圍庚辰捐修志目錄

稟明隨勘續估呈

稟催給牌採運免混扯撥修

稟請通融辦理呈

縣奉　督憲催查條蠻各石諭

遵諭稟覆呈

稟催石匠赶運呈

縣奉　督憲檄飭情節辦理諭

縣奉　督憲諭

厰工告竣呈

會覆停運各由稟

續報厰工告竣稟

抄刻買受飛鵞山地契

嘉慶二十四年六月初五日　太子少保兩廣總督臣阮　廣東巡撫臣陳

奏爲護田大圍亟建築石隄以資捍衛經本籍紳士急公捐輸辦理緣由恭摺具

奏仰祈

聖鑒事竊照粵東南海縣屬毗連順德縣界之桑園圍週迴百有餘里居民數十萬戶田地一千數百餘頃種植桑株以飼春蠶誠粵東農桑之沃壤也圍外廣東西北兩江環繞左右而廣西左右諸江亦並滙而來由此合流入海每遇夏潦暴漲東尙緩緩西水建瓴而下宣洩不及圍基即被衝淹居民田園廬墓盡皆淹沒設水勢驟長不能移避高阜

民人亦皆淹斃屢經前任督撫　臣奏蒙
聖恩恤緩兼施借銀修葺因向來僅建土隄乾隆八年
奏改石工間段用塊石堆砌并借銀生息以作歲
修嗣又節次　奏明改歸民間自行修防如有非
常衝損民力不支者隨時　奏請酌辦嗣經歷年
久遠沙高石低屢被冲刷禍移民間雖欲培築苦
於力有未逮上年　臣阮　與前撫　臣陳　因該處
係農田廬墓情勢緊要
奏蒙
聖恩允准於藩糧兩庫借銀八萬兩發商按月一分生
息計得生息銀九千六百兩以五千兩歸還原借

本銀以四千六百兩爲歲修之費第圍基遼濶恐此築彼坍歲得四千餘金僅敷逐段粘補之用仍不足爲永遠經久之計前據南海順德兩縣紳士商民紛紛懇請捐建石隄經署南海縣知縣仲振履等親詣查勘該圍最險頂衝之吉贊橫基三丫基禾乂基天后廟大洛口等處約計一千九百餘丈須用大條石疊砌高厚其次七千餘丈亦須大塊石堆砌成坡方可藉資捍禦所需工料運脚等項撙節估計非捐銀十萬兩不能興辦南順兩縣紳士人等卽欲踴躍捐輸而工鉅費繁一時未能集事兹查現任刑部郎中伍元蘭刑部員外郎伍

元芝因家鄉有此大工自京專遣家丁回籍赴縣
呈請兩人願捐銀各三萬兩又有緣事革職在籍
之郎中盧文錦獨捐銀四萬兩共十萬兩現據藩
司魏元烺糧道盧元偉轉據該府縣等核議詳請
具　奏前來臣等查桑園圍有關兩縣農民田廬
屢被水患亟應築隄保障惟因經費過多碍難籌
辦今既據該紳員伍元蘭等情殷桑梓尚義輸銀
臣等逐加採訪南海順德兩縣士民聞知義舉可
成靡不同聲歡慶自應俯順輿情　奏請准其興
建如蒙
俞允即飭該紳員等各將捐銀繳貯仍令兩邑紳衿耆

老選舉殷寔公正紳士赴圍董理購料鳩工妥速
趕辦地方官但司督率稽察務使工堅料實毋稍
浮冒虛糜不許胥役人等涉手致有侵染俟工竣
再行查勘驗收此次築隄之後自必永慶奠安然
水力冲險異常恐未必年久一無所損上年 奏
請生息銀兩仍須照舊生息將來察看情形另行
核 奏至例載捐修公所銀至千兩以上卽應分
別
旌賞或由部議叙 臣 等查明伍元蘭等於桑園圍並非
自護田廬今各捐銀至數萬兩洵屬急公向義應
俟工竣後 臣 等再行循例奏懇

天恩量加獎勵臣等因事關農田水利謹據士民輿情

合詞恭摺具

奏伏乞

皇上睿鑒訓示謹　奏

嘉慶二十四年七月十五日奉到

硃批依議辦理工竣後核實具奏欽此

道光元年　月　日　太子少保兩廣總督臣阮
廣東巡撫臣康

奏爲紳民捐修桑園圍石隄工竣遵
旨核實具
奏並將支剩捐項分别撥充公用仰祈
聖訓事切照粵東南海縣屬毗連順德縣界有大隄一道土名桑園圍周環百有餘里圍內居民數十萬戶農桑田地一千數百頃爲近省第一沃壤該圍地處下游當本省西北兩江及廣西衆水之衝每遇春夏秋暴漲諸水建瓴而下全藉圍基保護先因土隄易圮屢遭水患淹斃人口兼淹及順德龍山等處叠經前督撫臣　奏蒙

諭旨恤緩兼施借項修葺復於乾隆八年奏准改築石
工嘉慶二十三年 臣阮 復會同前撫臣陳 奏
蒙
聖恩借項發商生息爲歲修之用祇緣從前奏改石工
之時限於經費僅係擇要間段改築而臣阮 等
奏准生息之項歲祇得銀四千六百兩亦僅敷隨時
粘補不能一律改建每遇伏秋大汛田廬民命均
時刻耽心二十五年適有現任刑部郎中伍元蘭
刑部員外郎伍元芝遣丁回藉赴縣呈請各捐銀
三萬兩又有在藉之緣事革職郎中盧文錦亦願
獨捐銀四萬兩將圍基險要之處普改石工由司

道轉據府縣核詳經臣阮　會同前撫臣李　具
奏聲明伍元蘭等各捐銀至數萬兩洵屬急公向義
俟事竣循例
奏懇獎勵欽奉
硃批依議辦理工竣後核實具奏欽此當經行據該紳
士等將捐銀十萬兩照數繳貯藩庫由南海順德
二縣轉飭二邑紳耆公舉素來辦事公正身家殷
實之候選訓導何毓齡舉人潘澄江等經理其事
並由司委員赴工督率稽查其一切領銀用銀悉
由董事經理不涉官吏之手據報於二十四年九
月水落後興工二十五年全工告竣撙節核實共

用銀七萬五千兩　臣　等飭委督糧道盧元偉赴圍
親勘實係堅厚鞏固農民咸悅並據府縣轉據首
事紳士開報工料由司會核詳請照案具
奏奬勵聲明此係民捐民辦之件照例毋庸造册報
銷前來　臣　等伏查定例捐修公所及橋梁道路實
於地方有裨益者銀至千兩以上請
旨建坊遵照
欽定樂善好施字樣聽本家自行建坊等語此案盧文
錦籍隸新會伍元蘭伍元芝雖籍隸南海皆非圍
內之人今能各捐銀至數萬兩俾全圍藉資鞏固
保護數十萬民田廬舍其捐銀遠過千兩之數與

奬勵之例相符應請照例建坊以奬善舉至前項捐欵銀十萬兩除現在核寔祗用銀七萬五千兩外尚餘銀二萬五千兩原捐各紳不願領回呈請撥充公用查有南海縣屬與三水縣屬交界之土名波子角圍基一道與桑園圍唇齒相依亦屬險要現據該處衿民呈請修築應請於前項存剩銀兩撥銀一萬兩撙節擇要估修照舊令舉殷實紳士自爲經理工竣通報院司府縣查核照例毋庸造册報銷尚餘銀一萬五千兩查先經臣阮會

同前撫臣李

奏明纂修廣東通志六部查取

大清一統志事宜稿本現在將次完竣除臣等陸續公
捐經費外尚有不敷應將此欵盡數撥給湊支公
用如此分別辦理係以紳士原捐之項辦本地方
應捐之事亦復甚洽輿情是否有當臣等謹一併
具
奏伏乞
皇上聖鑒訓示謹奏

新建南海縣桑園圍石隄碑記

南海縣之西南有西樵山焉勢高而基厚連綴甘竹飛鵞各小埠盤礴數十里西北兩江之水所共抱而洩海者也此山古必居海潮中數千年兩江泥沙附山而渟漸渟漸廣山之距水亦漸遠於是始有田田患大水之浸於是北宋以後始圍以隄始有桑園之名田之未圍隄也大水浸之則泥沙加積焉一年積二三分厚之泥沙百年即高一二尺厚之田地自有隄而田無水患地亦不復加高然而順德香山新會下游之海變而爲田者愈久愈多下游之田既多則上游兩江之水難速洩以

難速洩之水抱不復加高之田水高田低且以不堅之隄捍之烏能不險而潰哉

國朝以來屢經修築以衛民生溯宋元明事載前碑誌不具述余于嘉慶二十二年冬初涖粵是年夏水決三丫基民命田稼所傷寔多察知歲修資少乃籌庫資發商生息歲得銀肆千陸百兩以濟之然終不能無大患南海人伍元芝伍元蘭兄弟並官刑部郎捐銀六萬兩新會人盧文錦前官工部郎捐銀四萬兩請于險處皆建石隄以障之其險者如三丫基禾义基天后廟大洛口吉贊橫基諸處隄上用條石疊之隄坡隄根用塊石護之共疊

石一千六百餘丈護石二千三百餘丈始斯役者
南海令仲振履終斯役者南海令吉安躬斯役而
勞心力者佐貳顧金臺李德潤舉人潘澄江何毓
齡等二十五年工成用銀七萬五千兩餘銀還之
三部郎三部郎不願復受請以濟三水縣隄及公
事之用夫桑園圍内數十里如一小邑隄若潰則
順德龍山諸地兼受其衝伍與盧無田廬在其中
乃捐銀至十萬之多志在保障可謂好義而樂善
者矣是役也工鉅用多不可不奏而行二十四年
元會撫部院奏奉
旨允行道光元年以工竣奏且請照禮部建坊例奬伍

盧以坊題

欽定樂善好施四字奉

旨又允行余閱水師出虎門歸過順德歷斯圍各險處

勘其工竭

海神廟以慰焉且諴圍中各堡紳士耆老等自兹

後歲逢大水土隄之薄者厚之低者崇之漏者塞

之石隄之壞者增之修之塊石之卸者增之壘之

官士請樹碑以記其事書此付之庶幾此一方永

臻安定焉

太子少保兵部尚書都察院右都御史兩廣總督

楊州阮元撰

賜探花及第原充 國史文穎兩館纂修官翰林
院編修瓊州張岳崧書

桑園圍總志　卷[illegible]

捐修桑園全圍碑記

我桑園圍周遭百餘里受東北兩江之衝時憂潰

決前蒙

大憲奏請

皇上發帑生息爲歲修之資里巷歡騰平成可賴歲巳

夘息項新頒遴選總理闔圍紳士以毓齡澄江薦

舉辭不獲命遂執藁函爲工人先土工既就前邑

候　仲公察勘情形謂帑息歲修固堪久遠然水

勢湍悍異常非先固隄身異日歲終必多費力銳

意爲築石隄之舉勸古岡盧公文錦本邑伍公元

芝元蘭昆仲合銀十萬兩助工詳于

大憲據情入奏得
旨恩准圍衆喜出非望　憲乃委南雄刺史余公保純
相其險夷緩急之宜裁定章程飭毓齡澄江仍肩
其任而各堡别舉十五人以贊之委員顧公金臺
李公德潤常駐總局以司稽糾工鉅費繁深虞辱
命經始于是年九月閱今年四月大工告竣盖是
時　邑候吉公接任數月幾經訓示始幸無過焉
且夫我桑園圍之有石隄也自乾隆元年鄂大司
馬始當其時廣肇兩郡圍基俱勞經畫不能以全
力爲我圍計樵石之處百止一二數十年來怒濤
衝齧遺跡無存曩亦間一修補大都纍石硍散

置隄根未及數年隨流滚溜不可久長今
列憲以十萬之資備一圍之用開山採石飛挽連
綿自斯隄修築以來未有庀材若斯之富者也是
故甃石為墻者一千六百四十丈六尺纍石為坡
者二千三百二十丈激石為壩者四所並加堆舊
壩一十二所卽土隄之無需石護者亦概為之培
厚增高固益求固靡有遺憾昔召信臣守南陽纍
石為鉗盧陂厥後杜詩復修其業民有召父杜母
之歌夫因前人之所有而修之猶有頌聲洋溢况
增前人之所不足者哉而邑侯　吉公轉以毓等
兩人勤劬為念詳請

大憲與盧伍諸公概予獎勵夫盧伍諸公初非自
護田廬以
列憲心厪民瘼相率佽助斯誠好義可風毓等勤
其手足即以衛其身家何功之足云迄今隄身已
固畚息暫停頒發然安不忘危存不忘亡以迅猛
洪流與石爲鬥豈能過恃尚當聯懇
大憲再請
皇仁按年給領擇要而修是又無窮之樂利我圍衆所
寢食不忘者也
嘉慶二十五年歲次庚辰孟秋舉修圍基總理
候委訓導何毓齡 舉人潘澄江 仝立石

縣憲稟詳義助大修銀兩

敬稟者竊卑縣桑園圍基當西北兩江之衝計長九千六百餘丈內護南順兩縣居民共十四堡爲府屬基圍最大最險之地自乾隆元年大水冲坍傷損甚多經前縣稟明　奏請改用石工嗣奉停止飭令聽民自修如有非常冲損仍准　奏明動帑迨後數十年中屢修屢潰邀

恩蠲恤不一而足及嘉慶十八年二十二等年該圍三丫禾叉各基又遭冲決田廬墳墓均被淹浸奏蒙

恩旨恤緩兼施并借帑銀五千兩給發修補又蒙

各憲以該圍最爲險要且圍內田畝均關

國家惟正之供一有沖潰錢糧既須蠲緩 帑項更

多虛糜復又

奏撥藩庫銀八萬兩分存南順兩縣典商生息每年

得息銀九千六百兩以五千兩歸還借本以四千

六百兩爲歲修之資軫恤民艱至周至備復經 卑

職

選舉候補訓導何毓齡舉人潘澄江設局經理

分別最險次險各用土工石壩加意培築惟是基

址綿長計人工飯食之需非息銀四千餘兩所能

敷用雖經 卑職 稟請勸令圍內居民量力捐助而

貧富不齊仍多觀望 卑職 仰蒙

憲恩以隄工緊要

奏請俟今冬工竣再行送　部引
見下懷感激益切勉惶會於本月十二日馳赴該圍率
同何毓齡潘澄江等詳加查勘其當西江頂冲最
險之三丫基禾义基大洛口均已添壘碎石并於
大洛口堆砌石壩目前尚可無虞惟當北江頂衝
最險之吉贊橫基及次險之先登河清兩堡各基
隄曾經迭次倒塌且因歲欠失修基隄剝落若僅
以歲修了事不過擇段修補一遇江水驟發則通
圍皆成巨浸卑職職守斯土斷不敢存苟且目前
之見致遺百姓身家性命之憂當與該處紳耆等
妥爲酌議必須改用石工分別最險次險通圍砌

築方足以資久遠無患如最險之吉贊橫基三丫基禾乂基天后廟大洛口等處約計一千九百餘丈須用條石疊砌高厚其餘七千餘丈亦必用大碎石塊堆砌平衍如坡方可一律鞏固惟九千餘丈之基隄所需石料人工飯食運脚等項非捐銀十萬兩不能集事卑職於去年十月到任後久經出示曉諭南順兩縣紳士商賈人等踴躍捐輸以襄義舉茲據縁事革職在籍之郎中盧文錦情願捐銀四萬兩又據現任刑部山東司郎中伍元蘭現任刑部安徽司員外郎伍元芝專遣家丁回籍赴縣呈請各捐銀三萬兩均屬出自至誠似應准

其所請庶圍基藉以永固民患盡除且可一勞永
逸毋需歲修之費以仰體　憲臺捍災恤民之至
意除照各該員原呈另文轉詳外合先具禀察核
示遵俾得趕緊興工以甦民命而節　國帑至已
革郎中盧文錦現任刑部山東司郎中伍元蘭現
任安徽司員外郎伍元芝等踴躍捐輸急公明義
可否奏請鼓勵之處出自　憲恩爲此具禀伏乞
慈鑒

修築章程

查桑園全圍東西兩海環繞左右圍隄如箕北爲箕腹東南爲箕口最北處與三水毗連西起飛鵞山邸阜數十迤邐東行至㳿嵒墩止接以吉贊橫基所以障上流也防西海者上自南海三水交界馬蹄圍起下至順德甘竹灘止防東海者上自吉贊橫基旁仙萊鄉起下至順德龍江河澎圍尾止中間包西樵山其東南則下流宣洩之區不用設隄計水口有四曰吉水竇曰閘邊口曰唱歌滘曰獅頷口合南順兩邑通圍共十四堡除龍山金甌大同在圍腹無基外其餘分各段經管先登嘗基

長一千八百五十八丈五尺海舟堡晉基長一千四百二十一丈一尺鎮涌堡晉基長一千零一丈二尺河清堡晉基長一千一百五十四丈二尺外隄四百四十五丈九江堡晉基長二千九百零五丈七尺外隄一千六百七十丈零六尺甘竹堡晉基長二百六十丈此西海基也吉贊橫基長三百一十八丈百滘堡晉基長二百六十丈雲津堡晉基長一千一百四十二丈七尺簡村堡晉基長五百六十五丈五尺沙頭堡晉基長一千八百八十五丈九尺龍江堡晉基長四百八十五丈另有五鄉基屬龍津堡晉歷來自行修築未及清丈此東

海基也舊傳九千六百餘丈係單指西圍而言舉
其首險今按甲寅年全圍通修丈尺俱載誌書復
因歷次開口皆要圍築故丈尺較增此番仰藉
慈恩得有義舉自應毋分畛域一視同仁其應用
石工者則用石工其應用土工者則用土工務使
全圍之內永慶安瀾均沾實惠所有章程謬議呈
奪
一此番義助築隄土石兼施銀兩既多工程甚大
必定期於某月興工先前一月須將銀兩交付
以便搭盖工廠雇倩土石各工買置椿木灰船
等物屆期舉辦免致周章

一設立石壩須買舊蔴陽船隻堆滿蠻石用繩纜找好鑿破船底沈作根子上面方易壘砌以免隨水滚溜

一桑園圍基計長萬有餘丈其頂冲險要處所水深三四丈不等勢必堆砌蠻石培厚根底方能上築石隄不致上重下輕之弊否則石堤雖建而基根不穩必致拆裂不可不慎

一築建石隄必察其水勢因其地形如基身壁立脚無鼇䂬前雖壘有蠻石亦必再爲培厚使基底堅固然後打實梅花松樁安放橫排底石一層逐層斜壘而上至基身潦水不到處爲止倘

其基畧有餘坦三四丈而係屬頂冲海旁已有
蠻石砌壘者則將上面基身餘坦枕海處畧埋
四尺鋤深六寸横排方砧作底次第砌作階級
而上方能永固其海旁仍加石培築
一開山採石首事人等素未親履山塲必資諳練
匠頭乃能熟悉辦法但匠頭詭詐多端多有因
公濟私運售别埠若不嚴定章程勢必悮事今
議匠頭承接必要殷實舖店担保先交按櫃銀
一千兩立明字據限毎月運到方砧大石船若
干每船若干丈蠻石若干船每船若干萬如有
短少及私賣情弊查出將牌撤回另將按櫃銀

兩稟公允公若不悞事工竣之日首事交回按
櫃銀兩以昭公允

一各石以每塊在一百至二三百斤爲率最小亦
要五十斤以上不及五十斤者不得上秤仍要
大七小三配搭秤石之後須聽首事指點安放
停當各船到埠初次於該船頭尾量准水則編
列字號用紙單註明尺寸盖上圖記實粘船裡
下次查照原字號爲准不用再秤以省紛煩至
秤石時如有賄囑以少報多查出將石銀罰去
倘督理有暗中需索許船戶通知毋得隱匿作
弊

一築隄取土遵照向例由附近挑挖如有違抗許首事稟究首事人等督令工人亦不得將山墳破毀

一牛隻晒練以三隻爲一手一人帶牛每日人工牛工共銀該計若干所有帶牛之人飯食以及餵牛草料俱在工銀之內分上午下午兩班自清晨練至中午放牛爲上班作一日算自中午練至酉刻放牛爲下班作一日算中間決鞭勻練不得私行放水其老弱牛母及小牛概不取錄

一坭工人數甚多議以二十人爲一起每起要攬

頭一人每工價銀若干仍須該堡保認或要泥
或搬運或舂坭任從督理指使所有鋤頭鍫鏨
每號要十五件大簝每號要十五担担挑鍋灶
碗快柴火自爲預備開工之日在基廠交督理
點明如有器具不足以及老弱年穉不得與列
至於胡混入隊不依指使一切斥逐
一坭工編列字號每號住寮鋪一間深濶約二丈
每日開工聽大廠五鼓後頭旬鑼造飯二旬鑼
食飯三旬鑼到大廠每號每人領腰牌一個始
得開工至中午鳴鑼食晏復至晚鳴鑼一律收
工日間督理不時稽察如有短少人數未經報

明即行將該號斥革另招補充至收工時候將
腰牌照人數繳回督理
一擬總理兩人在河神廟設局辦事南邑十一堡
大堡公舉兩人小堡公舉一人以分派各段公
所知理比如修某堡基段必以別堡之人督理
以昭公慎在該堡紳耆選舉公正諳練勤理其
貪婪不職及託故悞公者聽衆辭退仍要該堡
另選報充至應議酬勞係該堡自行酌送毋得
將此番義助銀兩開銷
一擬督辦之廠將全圍分爲七大段每段借祠宇
爲公所另搭小廠以督工作九江以下至甘竹

爲一段河清鎮涌兩堡爲一段海舟堡自爲一段先登堡自爲一段吉贊橫基爲一段百滘雲津簡村三堡爲一段沙頭至龍江爲一段係因基勢利便庶易報銷每段公所設首事二名司事二名火夫一名其首事應脩金該堡自送司事火夫工金係公所報銷各段火足銀兩則首事與司事等均一併開報

一擬九江沙頭簡村海舟先登五堡皆爲大堡要每堡舉出首事二人百滘雲津河清鎮河金甌大桐六堡皆爲小堡要每堡舉出首事一人共得一十六人因人擇地派放毋得以本堡之人

爭執要承修本堡之基公所計七段用去一十四人尚餘二人留總局帮辦各務

一擬各段土石兼施先後興作所有石砧石角船隻俱要到總局執號聽總理丈量明白給與水號石數照票一紙盖用戳記派交某段公所收領自無冐開情弊其土工按字號人數逐日支銷總理不時分段巡察倘有虛假應即禀官追究

一擬各段工作勘明某處應砌石砧應傍基脚計長多少某處至某處應加土工培厚計長多少要築潤多少繪圖貼說實貼該段公所俾如式

照辦毋致有悞

一擬西海項冲水勢最爲洶湧今自先登堡起至甘竹灘止審度形勢應於圳口汛上下築一石壩稔横兩鄉基頭築一石壩太平墟上築一石壩以上是先登堡管屬李村華光廟下築一石壩李村汛下築一石壩三丫基頭新賣布行處築一石壩溫家路口下築一石壩大灘頭汛下華光廟築一石壩以上是海舟堡管屬禾义基海舟鎮涌交界處現雖肥厚而項冲卸溜必須築開二丈以殺水勢其鎮涌河清兩堡不用築壩九江新墟下要添一石壩蠶姑廟前横基頭

要築一石壩石栈路口要築一石壩所用石壩約築數丈便可護坦但水深工鉅需石正多卽本年歲修所築四壩亦要加長數丈以上是九江堡管屬至甘竹堡不用石壩東海各基惟沙頭堡爲險要舊雖各有石壩要加高培厚以殺水勢其餘各基均一體查明培築高厚

一仲縣主親臨履勘應砌石砧處所

吉贊橫基長三百一十八丈

先登堡圳口石隄下至岡屋脚長一百二十五弓先登堡稔橫兩鄉基自界樹起至南邉岡脚止長一百零一弓

海舟堡由天妃廟十二戶界起至三丫基北頭計
長二百一十一弓
海舟堡三丫新基長一百八十二丈
海舟堡由三丫基南頭起至墟口大樹止長二百
五十弓
海舟堡下墟口大樹起至墟尾門樓止長一百弓
因兩旁舖舍應加面疊石
海舟堡由蕩平門樓至禾义基鎮涌界計長二百
三十弓
鎮涌堡禾义基下至南村基窄坦處計長七十二
弓

河清堡荒基秋楓樹至九江基界係甲辰舊決口
計長四十四弓
九江堡濬心社上甲辰舊決口長五十四弓
九江堡大洛口一帶頂冲遵　諭在外隄建石自
洪聖廟起下至七里横間基頭計長九百零八
丈五尺
已上共應建石隄計長一千七百零二丈尚有
未經親勘處所或屬頂冲一體遵照以期經久
一所建石隄下用松木樁打梅花樣鋪以石板然
後加砌條石自無卸陷之患其餘填塘所用土
工亦必加樁板始可填坭

一全圍舊日基址原寬舊碑可據乃附近佔基爲業或爲房屋或爲田塘相沿已久歷奉　各憲嚴諭要責成經管往後培補以頂基身仍復修不如法各處尙屬單薄應責令塘頭業戶預備挑泥處所標出加高培厚無分内外圍基一體照辦其魚塘則必築潤層級斜高毋任苟且了事

一石土各工數目甚繁各段公所務於每月初三四等日將前一月收支各數列摺報明總局總局查核後卽彚總抄粘連各册報修具詳細清摺分呈　各憲聽候察核

一前辦三丫基及今年歲修均擬有協理首事詎
皆隱匿不出此次工程浩大務懇諭令各堡早
爲舉出赴局辦公若仍前轍專屬雇工代辦不
特總理心地無以表白即將來各鄉堡亦退有
後言
以上章程統候　憲裁

桑園圍捐修志　卷之五

禀請議定條欵催舉首事帮辦

敬禀者 毓 等十一日禀辭後遵於十三日回局登即邀集各堡衿耆公舉分辦首事衆皆樂從惟以一時難得其人迄無定議此番工程浩大責任非輕 毓 等固不敢擅專而各堡又屬遲玩諸多棘手現聞各堡有妄擬全砌石砧者有妄想按堡分銀自行承辦者膠執己見議論紛紜 毓 等以二人之力難辯衆口之多若非仰邀

明諭分派各堡指明應修基段悉聽公論毋得挾私爭執并催刻日舉出公正之人報局得以會同各堡首事將通圍查勘逐段施丈其應修及不應

修處所秉公列冊禀請　恩示粘連條欵俾衆共悉庶遵照辦理事歸畫一可以息浮言而定公議毓　等樗櫟庸材辱蒙委辦又復格外栽培時加教誨理有難辭緣衆情難副物議難防稍不遂謀流言横起毓　等辦理數年差幸無咎今當任大責重實覺力有難支況一圍之內諳練者不少其人可否仰懇　仁恩准予辭退另舉接辦俾毓　等不致怨謗過深寔爲　德便臨禀不勝激切悚惶之至

何毓齡等謹禀

稟謝准捐義助銀兩呈

具呈桑園圍紳士陳青明秉璋岑誠鄭允升朱瑛
黃龍文關翰宗黃虞李萬元黃亨崔士賢梁健
翮李英掞區郁之張光瑤羅思瑾陳天池洗炳
麟李業陳應秋余璇錦余杰光郭汝艮傅其琛
潘士琳何天錫潘廷瑞何翀霄何佩珩黎漢清
陳登仕潘邦潘萬寧歲修首事何毓齡潘澄江
竊以隄成葺草紀盛德於坡公陂號鉗盧思鴻恩
於召父既胼胝之不倦斯慼戴之難名恭惟
老父師大人念切民依心憂已溺一夫不獲而引
爲辜百室既寧而圖其久念桑園隄堰之未堅即

蔀屋顛連之可憫前邀
恩於大谷固已浹髓淪肌將報命於元圭又復勞心焦
慮鑒閭閻之任卹切牖戸之綢繆籌資則累萬充
盈晝策則纖毫悉盡構雲根而築堵行看巨石鞭
來求澤國之安瀾務使尾閭遠去從此低窪皆成
樂土十四堡歡躍於浦水之鄉畝畝長享豐年億
萬人忭舞於牂江之滸
老父師先憂後樂之志有備無患之心雖謝安之
邵伯無以過之而王景之芍陂不足言矣爲此呈
赴
太老爺臺前恩鑒施行

委員　余刺史詳文
勘查桑園全圍東西兩河環繞左右圍以大隄西
圍上自南海三水交界馬蹄圍起下至順德甘竹
灘止共內隄八千六百丈零七尺外隄二千一百
一十五丈係先登海舟鎮涌河清九江甘竹六堡
分管其外河直接西江寬濶湍急隄外有沙坦而
水勢紆繞者尚屬平穩無沙坦而基岸壁立適當
正衝者最爲險要現擬擇險要之區結砌條石下
脚錯用亂石堆壘保護又築石壩數道以殺水勢
其餘有坦各隄坦寬則僅用土培築基身坦窄則
加用亂石壘護坦脚以期有長無坍東圍上自仙

萊鄉起下至順德龍江河澎圍止共隄四千六百二十七丈一尺係百滘雲津簡村沙頭龍江五堡分管其外河由佛山沙口分支承接西北兩江之水紆徐曲折而達桑園圍港汊紛歧較之圍西大河河面小窄水勢亦覺平緩惟堤身本屬單薄又復連年失修其中隄岸坍卸壁立隄身低矮浮鬆者亦復不少現擬擇要緊處所由隄後加土培築隄前仍用亂石壘脚以防續坍北面與三水基圍交界三水基身單薄適在桑園圍上流之頂一遇沖決則桑園全圍淹浸向於吉贊鄉前築横基一道以防沖決之水其基最關緊要現擬結砌石隄

二百一十丈以期鞏固又三水基圍下尙有山坳
洩注決水之所亦爲通圍之患現擬購買三水飛
鵞岡均山基四十餘丈一體培築隄岸以資保障
東南則下流宣洩之區向不設隄謹將現勘大概
情形開具畧節章程並將應修段落按堡列冊將
估計數目按段簽貼冊首呈候
採擇施行
一原議設總理兩人在河神廟設局辦事南邑十
一堡每大堡舉首事兩人九江堡工程最鉅舉
首事三人每小堡舉首事一人分派七段公所
管理餘留首事二人在總局幫辦如修某堡基

段派別堡之人督辦本堡首事不得干預以昭
公慎如首事有怠玩肙銷諸弊聽總理辭退仍
着落該堡選充其酬勞之費該堡自行酌送毋
得開銷義助銀兩
一原議督辦之廠分爲七大段每段借祠宇爲公
所另搭小廠以督工作九江至甘竹爲一段河
清鎮涌兩堡爲一段海舟堡爲一段先登堡爲
一段吉贊横基爲一段百滘雲津簡村三堡爲
一段沙頭至龍江爲一段每段公所除首事二
名外加添司事二名火夫一名其工金係公所
報銷各段飯食銀兩則首事與司事等均一并

開報

一原議各段土石兼施先後興作所有條石鑽石船隻先到總局報號聽總理量秤明白給與水號石數照票一紙蓋用戳記派交某段公所收領自無冒銷情弊其土工按字號人數逐日支銷總理不時分段巡察倘有虛揑禀官追究

一原議建造石隄下用松木樁打梅花樣鋪以石板然後加砌條石自無卸陷之患其餘填塘所用土工亦必加樁板始可填泥

一原議石土各工數目甚繁各段公所務於每月初三四等日將前一月收支各數列摺報明總

局總局查核後即彙總造册分呈

各憲察核

一通圍各堡聞有義助公項十萬金各圖盡量培築本堡所管基分甚有預圖冐銷肥已浮開段落丈尺者計非四五十萬金不能如其所願兹擇通圍最險處所以條石結砌次要處所以巒石培脚其餘尋常基分概用土工培補誠恐臨時民間與首事互相爭執請照工程册內所開段落飭知南海縣預行粘單出示曉諭俾共遵守

一奏摺內開吉贊橫基大洛口等處約計一千九

百餘丈須用大條石壘砌高厚其次七千餘丈亦須用大塊石堆砌成坡等因係專指西圍而言東圍四千餘丈不在數內玆既通圍大修東圍自應一律修整以期全圍鞏固再吉贊橫基三百一十八丈原勘均造石堤惟兩頭九十八丈墳塚千餘年久月深遷瘞不易且該處無甚險要似止須用土培厚毋庸砌石其餘二百二十丈仍造石隄大塊石堆砌成坡工費甚鉅計平坦處所每見方一丈約須石七八萬斤方能堆滿其有壁立而不臨深河者非用石四五十萬不能堆砌成坡以每丈用石十萬通匀計算

每開採大塊石一萬連運脚給賞銀一兩八錢七千餘丈之工程即需銀十餘萬兩尚有結砌條石工料及一切土工樁板各項又須銀四萬餘兩現在捐助之項不敷支應兹擬撙節辦理土石兼施其基身偏八內地者概用土工逼近大河者以大塊石叠護基脚可否如斯統候憲示遵行

一結砌大條石自以寬厚爲堅實惟經費僅有十萬兩不得不概從撙節兹與總理何毓齡潘澄江等圍中熟諳基工之人互相商酌先將基底挖深一二尺用松木樁打梅花式樣樁上横鋪

石板約寬三尺上面每層一順一橫橫石後根以大塊石塡底中間空隙用糖水拌灰舂實石縫以草斤舂灰簌塞計見方一丈約工料銀二十三兩查勘李村鄉十八年所築石堤卽用此法越今五六年尙屬完固並無擘裂坍卸似乎工省而價廉

一土工將底面高低長濶乘井計算加以椿板工料易於核估惟近者不過數丈遠者竟至里餘工値因以懸殊現今甫定章程各基未定取土處所難以確估茲與總理何毓齡等畧爲懸估其多寡之數尙難遽以爲準應俟各堡首事派

定段落與公所鄉民勘定取土地面訂定挑運工值另造估册送與總理復勘核報方可爲準理合稟明

一用大塊石堆砌護基水淺處所可以預定石數其有水深數丈適當急流不特水底之高低虛實難以探測更慮石隨水轉沈移莫定兼之石塊厚薄大小不齊其數目亦難確估兹與總理何毓齡等姑爲懸估仍請飭知總理於下石時遇有水深處所務須會同分段首事該堡鄉民及石匠工人四面眼同看視登記實數以杜冒銷偷減諸弊擬築石壩數道亦照此辦理

一石匠准其領照赴山開採現經總理與石匠曾名高等訂定價值每大塊石一萬斤連運脚給價銀一兩八錢大條石寬一尺厚一尺每長一尺連運脚給價銀九分其尺以粤東通用排前尺爲準不准以營造尺塘塞較之民間隨常買賣價值大爲節省惟路遙船少以九江山十字門南沙等三處山塲同時開採而計每月雇船一百七八十號陸續轉運每船定以裝石十萬每月限以往運兩次卽無風水阻滯亦須轉運八九個月方敷工所石數應由南海縣卽日詳請結照俾石匠及時開採轉運以免延久貽悞

一工程奏定歸於紳士經理原不必委員干預即夫役衆多恐有怠玩抗違酗酒賭博諸事儘可責成九江主簿江浦司廵檢就近彈壓稽查亦毋庸委員前往惟日逐支發銀兩必須公正佐雜一員經理數目而催運石塊爲工所第一要務九龍等處山塲遠在外洋轉輸不易或催或收必須委候補州縣一員專司其事添委佐雜二員聽其派赴各山塲催趲止准催石不准干預工程其飯食船夫及隨帶差役飯食銀兩作何支給已與南海縣仲令籌議均由該令捐給不動公項

一基圍大隄底寬十二丈面寬六丈此定章也嗣基面歷次加高日形尖削基底臨河半面六丈被水冲刷亦復參差不齊靠內半面六丈悉係官地民間不應以爲佔侵現今九江百滘雲津等堡除基面一二丈外半爲民間侵佔其蓋造房屋種植桑株不致傷損基圍尚可乞　恩聽從民便惟開挖池塘蓄魚蒔藕於基圍大有妨碍九江堡爲尤甚伊等池塘深者七八尺淺者五六尺逼近基身一遇潦水漲發基脚空虛支持不住勢必乘虛傾陷伊等止圖一家之私利不顧通圍之大累或遇官爲查辦卽以他處糧

照影射作爲稅地或稱買自上手作爲私業屢經地方官出示塡復置若罔聞卽卑職下鄉査勘面囑該鄉紳士傳諭業主塡復均覺習俗難移魚塘利息最厚各業主坐享數十年侵佔官地之利僅令其出資塡復加高不究歷年花息已屬從寬若再抗違寔屬梗頑難化可否札飭催石委員就近督仝九江主簿江浦司巡檢逐塘丈量如在基脚半面六丈界內悉令照界塡復培高如業主躲匿抗違卽將其魚塘藕池槪行變價以作工費仍行縣拘追歷年花息并治抗違之罪抑由委員督同總理紳士勘定塡復

丈尺以無碍基身爲度不必拘定每面六丈之
界從優賞給半費或業戶出土公所出工俾伊
等踴躍從事不致拖延時日之處統乞　訓示
遵行至現造估册已將塡塘工費一并列入合
并聲明
一種植樹木原可保護隄身但須在數丈以外不
致根株傷基方爲有益今基身兩旁多有種植
大樹者樹因風擺基身爲之動搖樹根盤入基
上因以滲漏如若概令斬伐幹去根存朽腐蟻
蝕基身更形空虛應由南海縣示令常時修剪
枝葉勿令招風現生小枝概行芟刈亦不得將

大樹私伐變賣似於基圍大有利便

一石塊轉運不及應將水深處所工程趁冬晴水涸之時先行趕辦次及淺水處所其餘旱地基身留俟三四月間陸續辦竣庶次第舉行無虞春潦碍工

一經費有定工程無限撙節估計寧可使其有餘不可少有不足茲督同總理估銀七萬七千餘兩留作續添工程及篷廠器具首事飯食司事火夫工食飯食暨首事總理因公往來船夫價脚並油燭紙張一切雜費之用如工竣之日核計尚有盈餘則儘數添買大塊石多填最次險

要段落再所估之數係約畧大概情形恐有不
實不盡現囑總理何毓齡等携帶底册再赴各
圍逐段細核或多寡不符應請准其隨時造册
更正該總理何毓齡潘澄江二人情殷桑梓潔
已奉公洵爲通圍公正可靠之人兼且熟諳基
務其勘估工料尚不致有冐濫合并禀明
委員勘估工程銀數
計開
先登堡
一馬蹄圍與三水分界基脚有小涌受淤水約十
餘丈加石塊護脚查該處外有桑地水勢順流

毋庸落石惟基腳爲三水人賣與窰戶取土致成小涌幸尚淺窄亟宜用土培復永禁窰戶挑挖爲要　估土工銀二十兩　石銀三十六兩

一陳軍涌古竇壞爛淤塞基址低薄查該處古竇久經壞爛淤塞並非必不可少之竇即趁勢築塞不得私開掘井致悮通基其低薄處所用土培築可也　估銀二十兩

一先鋒廟下基壆頂冲廟前山墳處低薄查該處內稻田外桑地水勢順流用土培築加石護腳　估土工銀十兩　加石工銀十八兩

一五岳廟前有漏孔碗口大查該處漏孔用灰沙

築塞該處內田外坦毋庸石鑲　估銀十兩
一三水鳳果鄉飛鵞岡圴六十弓飛鵞翼低下二
十餘弓甲寅年水漲三水鄉人偷掘卸水入桑
園圍先登堡附近救住後總局張卓觀等加灰
椿舂寔嘉慶十八年三水岡頭鄉基圍冲决水
又漫入附近搶救暫止此處原非本圍基址奈
鳳果鄉基身低薄一遇冲决無處洩水勢由此
岡圴漫入若不培築冲溢可憂查飛鵞岡圴六
十弓飛鵞翼低下二十餘弓本係三水地方適
當桑園圍上流極頂處所遇有西潦漫溢通圍
受累今擬購買其地歸於通圍修築高基着落

附近之先登堡各村庄經管不得以通圍公業
推諉悞事　　佑銀以七十二兩

其餘自三水縣馬蹄圍毗連起至茅岡鄉交界止
共基三百餘丈其中低薄處所應行加高培潤
者約有一百丈應於基面培寛三尺基脚培寛
六尺　　佑土工牛工銀四百兩

茅岡鄉十甲區祖文等經管基份自圓岡下起至
榕樹脚止內十九丈基底至基面高一丈二尺
如遇西潦大漲適當頂冲幸基外有餘坦尚屬
次險應用蠻石疊砌其餘基份以蠻石護脚
　擬用銀一百零八兩 石六船工銀四十二兩 水灰約銀三兩　護脚蠻石四船 銀七十二兩

圳口隄下至岡屋脚長六十三丈基身單薄外無
餘坦正當頂冲應用條石叠砌新舊基脚用蠻
石保護　估銀一千五百九十三兩九錢
蠻石二十船銀三百六十兩
稔横兩鄉基自岡脚界樹起至南邊岡脚止長五
十一丈係十八年新築之基應以條石叠砌
估銀一千一百七十三兩
一土名𨑨唇基有烏婢潭前甲寅年曾經崩决查
該處接連山岡新基偏入内地外有餘坦並非
頂冲惟基後深潭空虚酌堆蠻石以護基脚
擬用蠻石五船銀九十兩

一土名三根榕基間有滲漏宜加土培築

擬估銀二十兩

一土名列聖廟至船澳頭止內十七丈遇西潦大漲適當頂冲幸基外稻田離河較遠尚屬次險

應用蠻石疊砌

擬用蠻石六船（銀一百零八兩　工銀三十六兩七錢二分　水灰約銀二兩六錢）

一圳口汎上下一處稔橫兩鄉基頭一處太平墟上一處各基外無餘坦

基身壁立水勢急溜應各築石壩一道以殺水勢（每壩擬估銀六百兩　每壩約石三十三船零）合共計銀一千八百兩

海舟堡

一李村頭十甲李繼芳戶經管圍基共一百五十四丈零該基外有沙坦足資保護其有低矮單薄處所止須用土培築毋須砌石惟基外魚塘基內藕塘均應打樁培築七八尺並層遞加高外坦用蠻石護脚

擬估坭工銀二百二十一兩七錢六分
牛工銀六十六兩五錢六分
樁板銀一百五十四兩

蠻石三十船銀五百四十兩

一自第一社前起至九甲李復興古巷口止共基五十丈零內泥基十餘丈外有沙坦其餘均有小石角旁築止須堆壘大蠻石護脚毋庸砌石

擬用蠻石二十五船銀四百五十兩

自九甲李復興經管基分起至黎余石三姓經
管基分天后廟止均舊有石工毋庸再行砌築
惟基脚尚須堆壘蠻石保護
擬用蠻石四十船銀七百二十兩
一自天后廟起至盤古廟止計長四十一丈五尺
久經砌石惟外無餘坦內有魚塘應外加蠻石
護脚內填復魚塘丈餘
擬用蠻石二十五船銀四百五十兩
填塘泥工銀二十六兩
椿板牛工銀一十兩
一自盤古廟起至上墟營汛後止計長一百五十
九丈基外桑地水勢順流尚非險要惟基內有
深潭三口亟應培復八尺以免空虛再該基種

植樹木太多應將小株砍去大樹削去枝葉免
得招風動基但大樹不得鋸賣以致根腐傷基
擬用土工樁板牛工共銀二百七十兩
一盤古廟至公所馬頭基外沙坦時長時坍應於
坍外堆疊蠻石以資保護廟脚加蠻石保護
擬用蠻石三十一船銀五百五十八兩
一麥村鄉基段二百三十一丈餘外有沙坦內有
住村屋宇基脚聳厚基身僅高三四尺足資保
護毋庸再行培修
一天妃廟海旁灣頭應加蠻石培護
擬用石五船銀九十兩

一自天妃廟十二戸界起至新築三丫基界止共長一百有六丈基外河水太深應照原勘以條石砌築基內有原冲深潭水深三丈餘應用沙泥填築四五尺基外石脚尚應壘石

擬估 條石銀二千四百三十八兩 填潭銀一千兩 蠻石三十船銀五百四十兩

一新築三丫月基共長一百八十二丈內有八十丈正當頂冲應照原勘以條石結砌尚有一百零二丈灣入偏旁止須蠻石護脚毋庸結砌條石基後深潭應用沙坭填築四五尺

擬估 條石銀一千八百四十兩 蠻石三十船銀五百四十兩 填南湖約估銀一千兩

一自新築三丫基南頭起至墟口大樹止長一百

二十五丈應照原勘結砌條石基脚以蠻石填
護　擬估條石銀二千八百七十五兩
蠻石三十船銀五百四十兩
一壚口大樹起至壚尾門樓止長五十丈兩旁舖
舍止能外面壘石後面培補土工
擬用蠻石二十五船計銀四百五十兩
土工銀五十兩
自蕩平門樓起至禾义基頭鎮涌界止其長一
百一十八丈基身壁立水深約四五丈應照原
勘結砌條石另基脚添蠻石
擬條石銀二千七百一十四兩
另蠻石銀七百二十兩
一三丫舊基決口六十二丈鄉人求請築復但內
有三十丈測探無底無憑着力且新築月基甚

屬鞏固何必拆毀已成之新基築復無底之舊
址徒致虛縻工費耶
一李村兩處三丫基頭新責布行一處温家路口
下一處瘋子寮一處大灘洪下華光廟一處各
築石壩一道以殺水勢
六壩約估銀四千八百兩每壩約石四十四船零另加船費銀二百八十兩
鎮涌堡
一海舟鎮涌禾乂基交界處所基址雖肥厚而頂
冲卸溜必須築開二丈以殺水勢
擬估鑾石銀五百兩用石二十七船
一鎮涌堡禾乂基下至南村基窄坦處長三十六

丈正當頂冲應照原勘結砌條石另基脚添堆

蠻石擬砌條石銀八百二十八兩另旁堆蠻石銀二百十六兩石十二船

一該管基長一千零一十餘丈擇單薄處加土工

三百丈擬護基蠻石銀一百八十兩石十船另土工銀三百兩

河清堡

一荒基秋楓樹至九江基界係甲辰舊決口計長

二十二丈應照原勘結砌條石

擬估條石銀五百零六兩

一該管基一千一百五十四丈又外圍三百七十

七丈
填塘坭工銀六百七十八兩六錢
擬估又樁板工銀三百七十七兩
牛工銀一百六十五兩八錢八分
單薄處銀二百一十六兩
九江堡
一滘心社上甲辰舊決口長二十七丈高八尺應
照原勘結砌條石
擬估條石銀四百九十六兩八錢
一內圍大基兩旁或民房侵佔或栽植桑株於基
身無甚妨碍尚可任從民便惟基腳開挖魚塘
二十二口基身壁立基腳空虛倘遇大水猝至
何以支持應請飭令填復層遞築高以資保障

尚有基身低薄浮鬆處所亦應用土培築以期

鞏固

通圍加高塡塘約估銀一千五百兩

椿板土工六百兩

一內圍鐵牛處所共十丈用條石結砌下用蠻石

護脚

擬估銀一百三十八兩

蠻石三船銀五十四兩

一外圍大洛口一帶計長九百丈零八丈五尺今

丈溢六十三丈五尺原勘均用條石結砌惟內

有坦無坦之分基外無坦基身壁立自應砌石

以當水勢之衝刷並須下加蠻石以護基脚其

基外有坦者基身本屬鞏固兩旁基脚寬厚無

虞沖決似可仍循其舊節省工費以作最險處所作壩壘石之需查該處基外無坦或有坦而不過三四丈者共該四百六十丈零五尺應照原勘以條石結砌其基外餘坦四五丈至八九丈者計五百一十一丈五尺似可用土培補無須砌石惟通行砌石業已入

奏自應遵照辦理再外圍亦有魚塘七口應請一律飭令填復加高免致傾陷

四百六十丈零五尺通勻以高一丈計算共工料銀一萬零五百九十二兩五錢

護基蠻石二百三十船銀四千一百四十兩

五百一十一丈五尺通勻以高六尺計算共工料銀七千零五十八兩七錢

土工銀六百四十五兩
填塘樁板銀二百兩

一九江一帶正當古潭沙分水斜冲河深湍急逼近基身本年歲修業已堆築石壩四道尚不足殺水勢應於九江新墟下蠶姑廟前橫基頭石棧路口等處添築石壩三道新墟之下一道格外加長壩頭用舊蔴陽船裝石沉底依次堆放纍石以防石塊散失歲修所築石壩四道尚須加高續長

擬 添壩三道估銀二千三百兩
加高壩四道估銀一千六百兩
另加船費銀二百一十兩

一吉贊橫基長三百一十八丈係通圍上流公業撥歸吉贊鄉經管其基適當三水基圍之下流

三水基身單薄遇有冲决全賴此基爲通圍之保障原勘全築石隄但南北兩頭貧民所葬墳塚不下千餘年久月深遷葬不易察看基之南頭六十八丈正對吉贊本村基之北頭三十丈依旁山岡均非正冲險要之所向無冲决之虞似止須用土培寬丈餘便可鞏固惟基中二百二十丈正當冲要應仍照原勘以石條結砌再基東有深潭三口基西有藕塘四口基脚未免空虛現將歲修銀兩購石砌塡五六尺因水大尚未完工應俟水勢稍退即行修築如歲修銀兩不敷支應准於捐助項內動支尚有基旁各

田不免侵佔基脚均應鋪以條石以別疆界
擬條石銀五千零六十五兩
土工銀二千二百九十五兩
填藕塘銀一百兩
基脚條石銀一百七十六兩四錢
雲津百滘兩堡
一仙萊鄉基址一百丈零六尺應用土工培厚
擬估土工銀一百六十兩
由雲津堡橫基角起至旱竇止長二十三丈裡塘
外坦裡塘應填復丈許又旱竇一口應壘碎石
填塞
擬估土工銀三十三兩一錢二分
另石銀九兩
由雲津堡橫基下二十三丈旱竇起至庄邊旱竇

止長七十二丈有外坦內有旱竇一口屢次傾
陷應壘碎石塡塞
擬估銀九兩
由雲津堡庄邊竇起至庄邊基止長三百十一丈
裏塘外坦裏塘應塡復丈許
擬估土工銀四十四兩六錢六分
又椿板銀三十一兩
由庄邊基起至上庄邊石界止長二十六丈裡塘
外河基外應壘碎石六船半裏塘應塡復丈許
擬碎石銀一百一十七兩
塡塘銀三十七兩四錢四分
由百滘堡上庄邊石界起至庄邊大竇止長六十
丈裏塘外河基外應壘碎石十五船裏塘應塡

復丈許　庄邊竇穴應畧加粘補費銀二十兩

擬 碎石銀二百七十兩 裏塘加土工銀五十兩 另吉贊竇費銀二十四兩

由庄邊竇下至四十二丈裏塘外河基外應壘碎

石十船裏塘應填復丈許再竇有頂冲成潭處

所加石十萬斤

擬 石銀一百八十兩 填塘銀三十七兩捌錢 又加潭石銀十八兩

由四十二丈起至程宅橫水渡頭止長九十四丈

內二十四丈低窪缺卸裏田外河基外應壘碎

石八船　擬估碎石銀一百四十四兩

由橫水渡頭起至程宅社止長六十五丈由程宅

社起至大土地止共三十五丈外涌裏地外涌

應壘碎石二十船內有二十餘丈魚塘應填復丈許由大土地門樓起至儒林福地止共四十四丈應土培築

擬石銀三百六十兩 填塘銀四十五兩 又鑲瀾工銀三十一兩六錢八分

由百滘堡潘宅大社門樓起至山坂頭止長三十丈裏塘外涌外涌應壘碎石七船裏塘應填復丈許

擬碎石銀一百二十六兩 又約加土工銀二十兩

由百滘堡山坂頭起至梁宅葫蘆塘止長二十二丈基面窄矮用土工培高厚

擬加填塘銀三十九兩六錢 又椿板銀二十二兩

由雲津堡梁宅葫蘆塘起至京兆門樓止長二十
四丈由京兆門樓起至聚星門樓止長三十一
丈五尺外塘最險應押令業主填復丈餘
擬加土工銀五十兩
由雲津堡陳宅聚星門樓起至康公廟止長二十
丈廟側基滲漏內有十丈裏塘外涌裏塘填復
丈許外涌壘石十萬斤餘用土工培高厚
擬填塘銀十五兩碎石銀十八兩磚基面銀十五兩
由雲津堡康公廟起至民樂市北閘止長五十丈
外小涌基裏有十餘丈魚塘外涌應壘石十一
船魚塘填復丈許

擬土工銀二十六兩三錢
碎石銀一百九十八兩

一由北閘至二閘三閘兩邊鋪舍難以施工似可
毋庸培築

山民樂市東街起至藻尾鄉天后廟後門樓止長
八十丈基面寬三尺用土工培厚
擬估基面銀三十兩

由天后廟後丁丑年冲缺處起至迎龍門樓吳宅
止長四十五丈由迎龍門樓起至懷洞祖祠後
止共七十五丈逼近外河應壘碎石三十船
擬估碎石銀五百四十兩

由吳宅祠後起至橫水渡頭止長三十八丈裏外

魚塘應每邊五尺填復丈餘
擬填塘土工銀六十八兩四錢
由横水渡頭起至高田竇止長六十一丈外係吳
宅大塘應填復丈許高田竇口現尚完固毋庸
粘補
擬填塘土工銀二十兩
由高田竇起至簡村堡二十七戸蔵字號石界止
長一百零九丈內有二十餘丈低矮用土工培
高
擬土工銀一十兩
簡村堡
一竇門右基有爛樹根小穴一口應用灰沙舂築
擬灰基銀一十兩

一竇腮砌鑾石　擬竇腮工料銀二十二兩

一墟亭基身長二十六丈過于低矮應加高三尺底寛六尺面寛三尺

擬加土工銀二十四兩一錢

一竇穴外深潭應塡碎石十萬斤擬加碎石銀一十八兩

一外基三丫海口應壘碎石三十萬擬加碎石銀五十四兩

一内外基灌旱小竇十三口現俱完固毋庸修築

一内外基低陷單薄處所約有百丈左右應用土工培補　擬土工銀約一百五十兩

一西湖村陳麥羅三姓向居圍外今請代作圍基
數百丈難以允行
沙頭堡
一頭壩長九丈應壘碎石九十萬加高培長
擬石工銀一百六十二兩
一城渡頭基大樹起至石竇口長三十三丈內魚
塘應培塡一丈層遞頂基外坦應壘碎石三十
三萬　擬塡塘椿板銀九十兩零七錢五分又碎石銀五十九兩四錢
一韋馱廟邊基舊砲臺上應用碎石砌高三尺由
此起至二壩後長約八九丈內魚塘外無坦魚
塘應培塡一丈層遞頂基

擬砌石連工銀二十七兩
塡塘土工銀二十四兩七錢五分

一第二壩在韋馱廟邊長一十三丈應壘碎石一百三十萬加高培厚

擬估銀二百三十四兩十三船

一二壩後基至橫塘基長二十六丈內魚塘外無坦基邊深潭其魚塘應塡一丈層遞頂基外潭約三四丈應壘碎石四船

擬估塡塘連樁板共銀四十六兩八錢
又碎石銀七十二兩

一佛山渡頭基至三壩長一十一丈外無坦內藕塘應于藕塘塡築六尺申明飭禁基外應壘碎石四船

擬塡藕塘銀一十一兩六錢八分
又碎石銀七十二兩

一第三壩長六丈應壘碎石六十萬加高培長
擬加碎石銀一百零八兩
一由三壩後基至四壩長三十二丈外無坦內藕
塘應于藕塘培塡六尺外加碎石九船
擬塡藕塘銀三十三兩三錢六分
又碎石銀一百六十二兩
一第四壩長五丈應壘碎石五十萬加高培長
擬石工銀九十兩
一由四壩後基二十四丈外無坦內藕塘應于藕
塘培塡六尺外加碎石六船
擬估藕塘塡工銀二十五兩九錢二分
又碎石銀一百零八兩
一第五壩長五丈應壘碎石五十萬加高培長

擬估石工銀九十兩

一眞君廟左基長六丈外無坦内涌滘應于涌滘
培塡一丈外加碎石三船
擬塡涌銀十五兩碎石銀五十四兩

一眞君廟右基約長五丈外無坦旁小涌口内涌
滘應于廟後涌培築一丈外加碎石兩船
擬塡涌銀一十兩碎石銀三十兩

一河澎圍築基長一十八丈外有餘坦魚塘在内
應于魚塘塡築六尺外加蠻石六船
擬塡塘銀三十七兩四錢四分石銀一百零八兩

一石竇基長七尺外有坦内涌滘應于基前加壘

碎石二船
擬估石工銀三十六兩
一與龍江分界基長五丈外有坦該晉基內基面
間有低矮應加高
擬估土工銀四十兩
一通圍坦身淺窄應加石培護
擬石工銀五百四十兩計三十船
一五鄉基界向屬龍津堡晉修廹甲寅通圍大修
該堡未有科派自願以工代費稍爲粘補至二
十二年三丫基決叉復通修該堡亦未派及現
有捐項大修自宜一體修補該基單薄處所約

有五六十丈浦南鄉前基旁兩面魚塘亦須打

椿培潤　擬估工費銀二百五十兩

龍江堡

一與沙頭分界起至河澎圍尾止計四百餘丈外

多餘坦並非險要間有低矮應加土培高

擬估加高銀一百兩

甘竹堡

基身單薄滲漏處所約三十丈

擬估土工銀一百兩

稟明隨勘續報呈

敬稟者毓等遵諭於二十一日由省返局登即傳
集各堡紳士伺接委員 余大老爺查勘圍基二
十三日到局毓等會同各首事連日隨同查勘經
首事將該堡應修處所備摺開明呈候逐段履勘
至二十七日勘畢回省蒙諭着毓等將圍基覆勘
細查其有應行補入者再行續報等因毓等復於
初一初二等日復往細看查先登鎮涌河清九江
甘竹龍江沙頭各堡間有應行續報者業經另摺
稟覆至分派各廠首事毓等亦經謬爲議派伏懇
父師大人將查勘章程出示各堡及各廠曉諭并

懇給一章程印册諭毓等遵照辦理俾事歸議定
以免各堡爭論惟此番工程浩大採石爲先一定
章程需欵支發其給牌給銀之處均乞稟請
大憲妥定以冀早日施工除將續報段落緣由另
呈 余明府外理合將隨勘及續報情形分派各
廠首事分摺稟明
台前聽候 察核俯惟
恩鑒恭請
崇安
計粘覆查各段續估列摺一扣
諭再遵查各堡應行續估基段列摺呈

電
先登堡太平山路口横基起至墟舖止計長一百
一十二弓雖有微坦水已割卸請加碎石培護坦
脚用碎石一十九船估銀三百四十二兩
列聖廟至山路口計四十五弓畧有沙坦係屬頂
冲請用條石砌築高八尺估銀四百一十四兩
茅岡鄉十甲區祖文等基十九丈係接圳口土隄
上便遵
估用蠻石叠砌應請換砌条石除照估蠻石銀二
百二十四兩加估銀二百一十三兩
太尉廟前夬子岡至圓岡計七十弓應請堆壘碎

石加估銀二百一十六兩
鎮涌堡禾叉基下旁堆壘蠻石至泥龍角均屬頂
冲遵照勘估銀兩處共銀三百九十六兩惟水深
石少應請加碎石二十船計加銀三百六十兩
又土工照估銀三百兩應請加椿板牛工一百五
十兩并懇派開各段以免爭端計南村基單薄處
所着土工銀一百六十兩何充𤇾塘頭至竇腮着
土工銀八十兩見龍里至沙逕着土工銀八十兩
土主廟下基土工銀一百三十兩
河清堡外圍除填塘泥工椿板牛工等費外其內
隄單薄處所經估銀二百一十六兩惟基長費繁

應請加估土工二百一十六兩并懇派開以免爭
執鎮涌界下基着土工銀二百一十六兩九江界
上基着銀二百一十六兩
九江堡南方甲子圍周子雁圍曲睜頭破排角等
處應請加土工樁料牛工共銀五百兩
沙頭堡頭壩應請加石三船二壩應請加石三船
三壩加石二船四壩加石二船五壩加石二船并
該堡原有第六壩在眞君廟下便應請加石五船
共佑銀三百零六兩另通基塡塘處所再加土工
銀一百二十兩
雲津百滘兩堡通基請共加牛工銀一百五十兩

簡村堡壚亭基應加牛工銀一十兩

吉贊橫基應請加樁板牛工銀共五百四十兩

龍江堡䞇再加土工銀五十兩

甘竹堡䞇再加土工銀五十兩

稟催給牌採運請免混扯撥修
敬稟者毓等桑園一圍頂冲險要各段非數十萬
金不能見效茲義商慨助銀一十萬兩不過將緊
要處所均擲興築棠　恩飭毓等辦理經擇定本
月二十四日興工并預請給照開採稟詳各在案
嵩候牌照發下即交石匠赶緊遵照妥辦惟前承
余大老爺親臨勘估各段基工概爲節省在
大老爺未嘗目擊潦漲冲險情形約畧會計幸棠
面諭此番查看係屬大概計估實在冲險處所或
多未估之工着毓等於逐段興修因地制宜應行
添估隨後續報俯見

列憲恩隆有加無已圍民莫不感激深幸基工有

增無減俾藉

裁成庶無遺憾毓等荷

老父師格外恩施自應知無不言言無不盡刻下

風聞三水南海之界有請修波子角者勢必牽扯

混賴指稱三水波子角爲桑園圍之上流倘一開

口該圍亦不足恃不思各管各圍誌書可考歷久

無異今義助十萬原屬不敷緣　余大老爺詳文

內餘羨尚多伊等覬覦立至誠恐日內有向

列憲呈請撥銀修補者務懇

老父師全恩代爲辨白至各段應加估之處並懇

轉致
委員太爺歷覽察勘指示應修毓等始免冐開情
弊理合禀明再二十四日興工爲期已近仰懇
上請早發牌照俾石工如期遵辦諸惟
恩照恭請
崇安何毓齡潘澄江謹禀
初五日批
查詳請開採石料現奉　藩憲飭知已將告示分
發新安東莞各縣粘貼矣其所需照票候即由本
縣印給前往採運可也至三水縣屬基圍各有混
指爲桑園圍越境請修本縣自當查究現定本月

二十四日興工爲期已近該紳等應將一切趕緊措置齊全督率各堡首事依期辦理毋稍觀望延悞

稟請通融辦理呈

具呈桑園圍首事何毓齡潘澄江各廠分辦首事張鳴球朱瑛余用爵老鳳倫馮芳梁公章何在中關翰宗程士標張宜榮李荷君潘贊祖黎漢清張桂湄關文保黎國英爲會看圍基據實稟明仰祈詳鑒事竊照桑園圍基每遇西北兩江洪水漲發屢遭冲決嗣蒙發帑生息歲修以保民命莫不感激靡涯然以萬丈基隄歲修之費無幾終難免此

修彼塌圍內各業戶雖欲合力捐資通圍修固其
如力不從心束手無策茲幸義紳盧文錦伍元蘭
伍元芝等樂輸銀十萬兩協濟大工藉以通圍修
築此皆仰賴 各憲勸善樂施之所致也惟七月
間 委員卸任南雄州余刺史親臨勘估之際正
值江水漲發之時該基地方遼濶形勢不同似應
詳加諮訪因地制宜方足以昭盡善奈彼時余刺
史侍養情殷歸心如箭以故不遑細察草草定章
其所詳估章程內多窒礙難行有未能盡善盡美
者毓等公同十四堡紳耆業戶覆加察看如刺史
所議圍內魚塘藕池填塞為基查各池塘業主輾

轉相售已屬百有餘年並非起於近日既合業主將用價售買之池塘填塞爲基事屬因公且爲捍禦廬墓田園起見斷無抗違之理然合業主各出已貲僱工填築合計填塘一口計費不下百餘金此中業戶貧乏居多不特苦樂不勻抑且諸多棘手似應由工所給發工金以昭平允他如刺史所議用条石應更易蠻石叠砌者議用蠻石應更用条石叠砌者基身濱臨大河冲險之處最多均應多築石壩以避急湍況水底之淺深不一水勢之緩急靡常總須隨時隨事相機而行工料人夫何能預定惟當不昧天良秉公核辦若照余刺史原

定章程辦理竊恐徒費多金（毓）等經理其事責有
攸歸不敢不冒昧直陳應否相機度勢因地制宜
總求工堅料實不必拘定章程之處伏候轉詳
憲示飭遵爲此禀赴
老父師大人臺前恩准施行